主办 中国建设监理协会

中国建设监理与咨询

CHINA CONSTRUCTION
MANAGEMENT and CONSULTING

中国建筑工业出版社

图书在版编目（CIP）数据

中国建设监理与咨询04 / 中国建设监理协会主办. —北京：中国建筑工业出版社，2015.6
ISBN 978-7-112-18228-2

Ⅰ.①中… Ⅱ.①中… Ⅲ.①建筑工程—监理工作—研究—中国 Ⅳ.①TU712

中国版本图书馆CIP数据核字（2015）第134376号

责任编辑：费海玲 张幼平
责任校对：张 颖 刘 钰

中国建设监理与咨询 04

主办 中国建设监理协会

*

中国建筑工业出版社出版、发行（北京西郊百万庄）
各地新华书店、建筑书店经销
北 京 嘉 泰 利 德 公 司 制 版
北京缤索印刷有限公司印刷

*

开本：880×1230毫米 1/16 印张：$7^1/_4$ 字数：260千字
2015年6月第一版 2015年6月第一次印刷
定价：35.00元
ISBN 978-7-112-18228-2
（27456）

编辑部

地址：北京海淀区西四环北路158号
慧科大厦东区10B

邮编：100142

电话：（010）68346832

传真：（010）68346832

E-mail：zgjsjlxh@163.com

中国建设监理与咨询

目录 CONTENTS

行业动态

西安市建设监理协会组织举办《建筑工程项目总监理工程师质量安全责任六项规定》和《工程质量治理两年行动方案》宣贯学习班 6

"武汉建设监理行业工程质量治理两年行动"专题报告会成功举办 6

山西省建设监理协会召开"增强责任心 提高执行力"主题演讲比赛 7

中国建设监理协会机械分会"监理企业管理创新研讨会"在南京召开 7

河南省建设监理协会召开2015年年会 7

中国钢结构协会工程管理与咨询分会成立大会在京召开 8

引导会员单位跟上行业改革创新的新趋势 上海协会举办"推进建筑业发展与改革"系列讲座 8

中国铁道工程建设协会建设监理专业委员会三届四次全体会员大会在柳州召开 8

河南省建设监理协会组织部分监理公司领导赴上海考察学习BIM技术和项目管理 9

广东省建设监理协会承担"建设工程监理范围和规模调整研究"课题的具体工作 9

政策法规

全国两年行动监督执法检查启动 住房城乡建设部首批4个检查组分赴福建、广东等8省 10

住房城乡建设部专项整治危大工程 有效遏制群死群伤事故发生 10

建筑产业现代化工作座谈会在沈阳召开 11

住房城乡建设部修改13项部门规章 多处注册资本金的要求被删除 12

2015年5月开始实施的工程建设标准 12

本期焦点 贯彻落实工程质量治理两年行动

从某工程深基坑围护结构坍塌事故中分析监理应如何履职/龚花强 15

抓主线，守底线，将监理责任落实到位
——学习《建筑工程项目总监理工程师质量安全责任六项规定（试行）》的体会/王怀栋 18

互联网+在建设工程质量安全隐患预控方面的初步探索/张首红 张红宾 盛海军 谭政强 谢为 唐义 22

注重"窗口"建设 发掘潜在效益/胡志云 31

贯彻落实总监理工程师负责制 确实发挥好总监沟通协调作用/彭红霞 35

协会工作

在《中国建设监理与咨询》第一次通联会上的讲话/修璐　38

在《中国建设监理与咨询》第一次通联会上的总结讲话/王学军　40

监理论坛

“建设单位”研究与工程建设监管改革思考/顾小鹏　42

基于BIM实施的工程质量管理及上海中心监理项目实践/郎灏川　47

济南市第二生活垃圾综合处理厂项目监理共创“鲁班奖”经验/李兵　王瑞斌　51

全过程做好医药洁净厂房通风系统的监理工作/王新宇　57

项目管理与咨询

某机场航站楼工程项目管理模式分析/桂群　60

监理企业开展工程项目管理服务的启示/张守健　许程洁　64

某涉外工程设计阶段项目管理/王楠　67

创新与研究

加大节能减排力度　努力改善大气环境/郭允冲　71

监理增值服务的创新实践与探索/钟海荣　74

BIM技术，融入项目建设“一砖一瓦”/温智鹏　85

人物专访

厚积薄发，奔向黄金岁月——记湖北三峡建设项目管理股份有限公司董事长付宇东/潘博文　赵楠　91

企业文化

打造京兴品牌　做优做强监理企业/李明安　94

改革与创新的重庆联盛建设项目管理有限公司/雷开贵　98

西安市建设监理协会组织举办《建筑工程项目总监理工程师质量安全责任六项规定》和《工程质量治理两年行动方案》宣贯学习班

为认真学习落实住房和城乡建设部发布的《建筑工程项目总监理工程师质量安全责任六项规定》和《工程质量治理两年行动方案》建市【2014】130号文件精神，落实西安市城乡建设委员会《工程质量治理两年行动》工作部署及要求，发挥监理主体责任作用，促进西安市工程质量再上新台阶，推动西安市建设监理企业在新常态下创新发展，西安市建设监理协会于2015年5月6日组织举办了《建筑工程项目总监理工程师质量按责任六项规定》和《工程质量治理两年行动方案》宣贯学习班，各单位总工程师、总监理工程师共计200余人参加学习。

协会副会长冀元成就《工程质量治理两年行动方案》建市【2014】130号和中国建设监理协会关于贯彻落实《建筑工程项目总监理工程师质量安全责任六项规定》的通知，中建监协【2015】24号进行了宣贯，并讲解了西安市建设监理协会《工程质量治理两年行动优秀项目监理部、优秀总监理工程师评价活动》有关注意事项及具体工作要求。

西安市工程质量安全监督站站长黄宝伟就西安市工程质量治理两年行动有关工作、西安市监理行业现状、如何发挥监理作用、落实监理方责任主体作了报告，对监理企业及总监理工程师提出了工作要求。

学习班还邀请了建筑安全专家杨百成就安全管理如何防范和预控安全生产事故发生进行了讲座。

“武汉建设监理行业工程质量治理两年行动”专题报告会成功举办

2015年5月16日，由武汉建设监理协会主办、武汉星宇建设工程监理有限公司协办的“武汉建设监理行业工程质量治理两年行动”专题报告会在湖北大学报告厅成功举办。报告会邀请到2012～2014年度全市监理项目评优考评组组长、武汉宏宇建设工程咨询有限公司董事长秦永祥、武汉华胜工程建设科技有限公司副总经理黄欣以及住房城乡建设部资深质量安全考核专家主讲，共有96家会员单位173位技术负责人、项目总监参加会议。

会上，秦永祥组长以图文并茂PPT的形式详细分析了考评工作中监理部存在的问题，同时对部分表现较好的项目部进行了展示，引导全市监理企业向优秀典型取经学习；华胜公司黄欣副总经理以《认真严格履职　防范化解风险》为主题，结合当前监理行业强调五方责任主体质量终身责任制、“总监六项规定”等，谈到了在社会大背景下监理应如何强化履职。住建部质量安全考核专家结合法律法规对监理履职的要求和近几年市纪委与住建部开展工程监理工作检查情况，向大家传达了部省两级管理部门在质量安全方面的检查要求，着重强调了建筑工程质量终身责任制，以及加强质量安全事故防范的必要性。

报告会最后由汪成庆会长作总结讲话。汪会长谈到了“三个感谢”和“两个呼吁”，即感谢全体参会人员积极参会、感谢作报告的三位专家作了精心准备、感谢星宇公司对本次报告会的大力支持，呼吁全行业要坚持“三个大力倡导”、呼吁全体监理人“做个明白人，才能做个清白人”。

本次报告会在协会副会长涂洪波的精心组织和全体与会人员的认真配合下，取得圆满成功。与会人员普遍表示，将以报告会为契机，在加强质量安全管控、严格认真履职方面更进一步。

（陈凌云　提供）

山西省建设监理协会召开“增强责任心　提高执行力”主题演讲比赛

5月26~27日，“增强责任心　提高执行力”演讲初赛在山西省妇女儿童发展中心拉开序幕。共有24家企业的71人参加，比赛活动企业高度重视，协会周密安排，从业人员积极参与，评委客观公正，选手风采飞扬，听众拭目以待，比赛扣人心弦、高潮迭起，场上11次出现并列，展现了一场监理特色的文化盛宴。经过两天初赛的激烈角逐，共有25名选手入围决赛。初赛结束，评委组组长陈敏和评委殷正云分别对两天比赛作了点评。

唐桂莲会长对本次参赛选手的精彩表现给予充分肯定，并希望入围决赛的选手以这次演讲比赛为契机，再接再厉，精心准备，在决赛中取得更好的成绩，为监理行业的发展作出更大贡献！

中国建设监理协会机械分会“监理企业管理创新研讨会”在南京召开

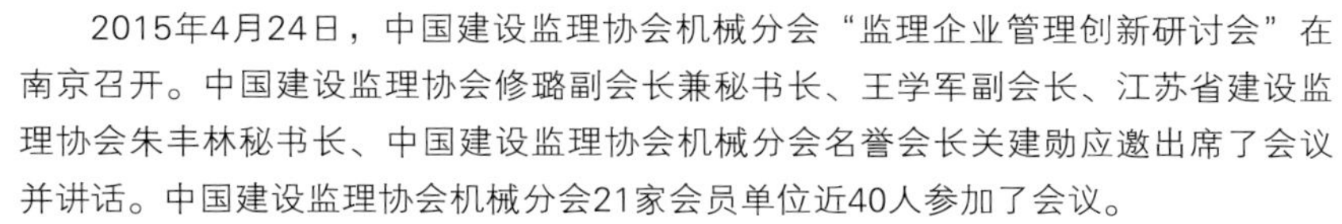

2015年4月24日，中国建设监理协会机械分会“监理企业管理创新研讨会”在南京召开。中国建设监理协会修璐副会长兼秘书长、王学军副会长、江苏省建设监理协会朱丰林秘书长、中国建设监理协会机械分会名誉会长关建勋应邀出席了会议并讲话。中国建设监理协会机械分会21家会员单位近40人参加了会议。

与会领导对监理行业的发展提出了建议，希望监理企业进一步提升核心竞争力，发挥监理作用，实现差异化发展，为市场需求创造超附加值。中国建设监理协会机械分会李明安会长作了题为《建设监理行业现状与发展》的讲座，提出在监理行业内积极推进 “标准化、信息化、专业化、集成化、国际化”建设，进一步提升监理队伍的综合素质，做优做强监理企业。

与会代表就企业在经营管理、人力资源管理、技术质量管理等方面的创新之处进行了交流发言。与会人员一致认为，面对行业改革和发展的问题，希望在行业协会的领导下，借助协会的平台，把握正确的发展方向，与行业内企业共同交流学习，提升企业管理创新水平，共同探索未来的发展路径。

（郑萍　王玉萍　提供）

河南省建设监理协会召开2015年年会

2015年4月29日，河南省建设监理协会在郑州召开2015年年会，总结回顾2014年协会工作情况，安排部署2015年的工作要点，表彰在2014年作出突出成绩的先进工程监理企业、优秀总监理工程师和优秀监理工程师。

年会邀请了京兴国际工程管理有限公司总经理李明安主讲《建设监理行业现状与发展》，深刻分析监理行业的历史、现状和未来发展，结合近两年实施的监理相关法规标准和政策，阐述监理行业的新常态，对如何做优做强监理企业，提出了观点新颖的建议，并从多个视角表述了对监理行业和企业改革发展的观察和思考。

河南省建设监理协会常务副会长赵艳华主持会议，并作协会工作报告，河南省住房和城乡建设厅副厅长王国清出席会议并讲话。王国清副厅长充分肯定了监理行业在建筑业改革与发展中的重要作用，鼓励监理企业正确认识监理行业面临的机遇与挑战，增强做好监理工作的信心，分析了河南监理行业在改革发展过程中面临的新形势和新变化，指出河南监理行业的现状和存在的问题，勉励监理企业大胆创新，抢抓机遇，在工程质量治理中发挥监理的作用，在建筑业新常态中，分享改革的红利，获得新的发展，迈向新的高度。

（耿春　提供）

中国钢结构协会工程管理与咨询分会成立大会在京召开

中国钢结构协会工程管理与咨询分会（以下简称“分会”）成立大会于2015年4月26日在北京召开。中国建设监理协会副会长兼秘书长修璐同志、中国钢结构协会常务副会长刘毅同志、秘书长侯兆新同志出席了此次大会。分会会员代表参加了此次会议。会议由侯兆新秘书长主持。

会议审议通过了分会管理条例、会员管理办法，审议通过了理事会选举办法并选举产生了分会第一届理事会。随后召开的分会第一届理事会第一次会议选举董晓辉同志为理事会理事长、常务理事，选举龚花强同志为理事会副理事长、常务理事，选举梁长忠、汪振丰、杨泽尘三位同志为理事会常务理事，任命王东升同志为理事会秘书长。修璐副会长、刘毅副会长通过大会致辞表达了对分会未来发展的殷切希望和衷心祝福。

中国钢结构协会成立于1984年6月，至今已走过了30多年的光辉历程，是一家在行业内拥有权威影响力的、由2600余家优秀会员组成的全国性行业组织，与美国、日本、英国、新加坡等国家和钢结构协会有广泛的学术交流与技术合作。此次中国钢结构协会工程管理与咨询分会的成立，将会凝聚我国工程管理与咨询行业的力量，促进钢结构工程管理与咨询行业的健康快速发展，助力中国钢结构事业走向新的辉煌。

引导会员单位跟上行业改革创新的新趋势
上海协会举办“推进建筑业发展与改革”系列讲座

如何适应经济新常态，激发改革发展的新动力，是当前全行业必须面对的新使命、新课题。4月17日至7月24日，上海市建设工程咨询行业协会在上海复兴世纪广场会议室举办“推进建筑业发展与改革”系列专题讲座，旨在引导会员单位顺应新常态下建设工程咨询行业的改革大势。协会副会长兼秘书长许智勇在4月17日的讲座开题会上作动员讲话。中国建设工程造价管理协会秘书长吴佐民专程从北京抵沪，讲授 “解读国家近期工程咨询行业的改革政策及背景”；4月29日，上海同济大学工程管理研究所创始人丁士昭教授介绍了国际咨询行业发展的现状，并提出国内工程咨询行业改革的方向和路径。约150位基层企业负责人参加讲座。

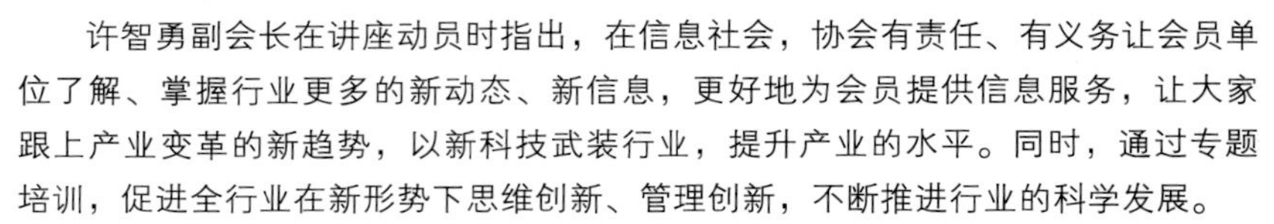

许智勇副会长在讲座动员时指出，在信息社会，协会有责任、有义务让会员单位了解、掌握行业更多的新动态、新信息，更好地为会员提供信息服务，让大家跟上产业变革的新趋势，以新科技武装行业，提升产业的水平。同时，通过专题培训，促进全行业在新形势下思维创新、管理创新，不断推进行业的科学发展。

（周显道　提供）

中国铁道工程建设协会建设监理专业委员会三届四次全体会员大会在柳州召开

2015年3月24日，中国铁道工程建设协会建设监理专业委员会三届四次全体会员大会在柳州召开。中国建设监理协会副会长王学军、中国铁道工程建设协会副秘书长解高潮、中国铁路总公司建设管理部建设管理处副处长李建、中国铁路总公司工程质量安全监督总站副站长张智应邀参加会议并讲话。

大会期间，中国铁道工程建设协会副秘书长兼建设监理专业委员会主任肖上潘介绍了《国家行政管理体制改革对监理业的影响和对策研究》课题，得到了与会人员的肯定；中国铁道工程建设协会建设监理专业委员会召开了“自律委员会第一次会议”，听取了《中国铁道工程建设协会建设监理专业委员会工作规则》的执行落实情况，评议和研究了铁路监理行业加强自身建设、做好自律工作的意见。大会还组织与会人员参观考察了我国第一座单主缆斜吊杆地锚式A型塔悬索桥，广西主跨最长、柳州市跨江桥中最高的鸬鸪江大桥以及柳州市广雅大桥。

河南省建设监理协会组织部分监理公司领导赴上海考察学习BIM技术和项目管理

为学习借鉴国内先进经验，促进BIM及项目管理在河南省建设监理行业的学习和运用，由河南省建设监理协会组织部分监理公司负责人，2015年5月12至13日赴上海建科工程咨询有限公司，进行了为期两天的考察学习活动。上海建科公司有关负责人介绍了公司概况及该公司BIM技术的开展情况，宾主双方就BIM技术推广应用情况、具体项目实施情况、相关政策支持及项目管理等问题，进行了座谈交流。随后，考察组一行实地参观了上海国家会展中心、虹梅南路越江隧道项目、国金项目等几个项目，并与现场项目管理和BIM应用的负责人员进行了交流探讨。

近年来，BIM技术得到了推广应用，因其具有可视化、协调性、模拟性、优化性和可出图性等特点，实现了工程三维信息化建设管理的重大技术创新，已列入住建部“十二五”重点科技攻关并向全国推广。据悉，华东地区集中了国内最多的BIM技术人才和近一半的工程实践，其中，上海中心大厦、上海迪斯尼乐园等项目极具示范意义。

纸上得来终觉浅，绝知此事要躬行。对于河南省建设监理行业来说，BIM这项新技术在监理工作中的运用还在探索和初步实践当中，运用和推广任重而道远，需要的是理论与实践的紧密结合。上海建科咨询公司作为监理行业推广运用BIM较早的企业之一，其投入力度、超前的发展意识、积累的工程实践经验、取得的经济和社会效益，将为河南省监理行业BIM的推广和发展提供多方面的参考借鉴，这就是此次远赴上海考察学习的目的之一。通过此次考察学习，了解BIM的应用和实践，各监理公司负责人都对此充满了信心，为以后BIM技术在河南省监理行业的运用奠定了基础。

广东省建设监理协会承担“建设工程监理范围和规模调整研究”课题的具体工作

为深入贯彻党的十八届三中全会提出的发挥市场在资源配置中的决定性作用和更好地发挥政府的作用，落实国务院行政审批制度改革的部署，加大简政放权力度，加快转变政府职能，减少行政干预，激发市场主体创造活力，充分发挥市场的自我调节机制，充分尊重建设单位的决策自主权，增强经济发展内生动力，住房和城乡建设部建立了“建设工程监理范围和规模调整研究”课题，并委托广东省住房和城乡建设厅负责完成，2015年4月广东省住房和城乡建设厅通过合同形式委托广东省建设监理协会进行该课题调研的有关具体工作，并拨付专项课题研究经费9万多元。

该课题研究旨在弄清建设单位的自主选择监理权缺失程度、监理主体责权利不对等、监理工作价值和作用未能充分体现等一些问题的原因，以便政府制定深化监理改革措施，确保工程质量安全，不弱化各方主体的相关责任，明确建设单位和监理单位责任的衔接，平稳过渡，确保现有主体的质量安全责任得到落实和加强，并有利于工程监理行业转型升级，有利于引导监理行业适应市场需求，实现优胜劣汰。

（朱本祥　提供）

全国两年行动监督执法检查启动 住房城乡建设部首批4个检查组分赴福建、广东等8省

日前，全国工程质量治理两年行动监督执法检查启动，住房城乡建设部首批4个检查组分赴福建、广东等8省。

据相关负责人介绍，为全面落实工程质量终身责任制、严厉打击建筑施工转包违法分包行为、推动两年行动持续深入开展、提升工程质量安全水平，住房城乡建设部部署开展全国工程质量治理两年行动监督执法检查工作，将组织4批15个检查组，对30个省（自治区、直辖市）的在建工程进行督察抽查。首批4个检查组已分赴福建、广东等8省。

据了解，检查组将在每个省抽查一个地级及以上城市的6个在建工程，其中市区两个、下辖县（市）4个。检查对象为住宅工程和公共建筑工程，其中住宅工程不少于4个。重点检查保障性住房和棚户区改造安置住房及学校、医院、商场、办公楼等。

督察主要内容有：贯彻落实工程质量治理两年行动工作部署情况、落实五方主体项目责任人质量终身责任制情况、打击建筑施工转包违法分包行为情况；贯彻落实国家工程质量安全法律法规和规范性文件情况，开展工程质量安全监督执法检查情况，工程质量安全事故、质量问题及隐患查处情况等；工程项目质量安全保证体系建立情况及工程实体质量安全情况，重点检查施工企业对项目质量安全管理情况、地基基础和主体结构实体质量情况、模板支架和起重机械等安全管理情况；建设、施工、监理及质量检测等有关单位，项目经理和总监理工程师等执业人员执行有关法律法规和工程建设强制性标准的情况；项目是否有违法发包、转包、违法分包及挂靠等建筑市场违法行为。

检查组将采取“扫马路”等方式随机抽选项目，由工程质量、安全、建筑市场等专家按照检查表逐项进行检查。结束后，对每个受检工程提出书面反馈意见。对发现存在严重违法违规行为和违反工程建设强制性标准的工程，下发《建设工程质量安全监督执法建议书》、《建筑市场监督执法建议书》，要求受检省市住房城乡建设主管部门对检查出的质量安全问题和隐患，督促相关单位及时整改，依法严厉处罚违法违规行为，并及时上报。每批检查结束后，住房城乡建设部将对检查情况进行通报。

记者随第二检查组在广东省东莞市抽查的嘉宏锦园项目工地现场看到，6名专家已经分成质量、安全及建筑市场3个小组开始工作，通过看材料和现场查看的方式，按照相关标准要求逐项打分。

（摘自《中国建设报》　李迎）

住房城乡建设部专项整治危大工程 有效遏制群死群伤事故发生

自即日起到今年年底，全国开展房屋市政工程危险性较大的分部分项工程（以下简称“危大工程”）落实施工方案专项行动，有效遏制和防范建筑起重机械、模板支撑系统、深基坑等群死群伤事故的发生。住房城乡建设部安全生产管理委员会近日下发通知，对专项行动进行部署。

此次专项行动分部署启动、自查自纠、检查督导、总结分析四个阶段进行，突出整治基坑支护、土方（隧道）开挖、脚手架、模板支撑体系以及起重机械安装、吊装及拆卸5类危大工程，整治

内容包括安全专项施工方案的编制和实施情况、从业人员持证上岗情况以及建设、监理单位履责情况。住房城乡建设部将在各地检查的基础上，适时对部分地区专项行动开展情况进行督察。

各地要加强执法，严厉查处。对施工现场发现的问题和隐患，责令企业限期逐一整改到位；对施工现场未编制危大工程安全专项施工方案、不按方案及操作规程施工等重大隐患，一律要求停工整改。对于隐患治理及整改不力导致安全事故的责任企业，一律依法暂扣或吊销安全生产许可证；发生较大及以上生产安全事故的，一律依法责令停业整顿或降低资质等级直至吊销资质证书，并严格追究相关责任人员的责任。同时，要对工作实施情况进行定期分析、总结、评估。对工作突出、成效显著的地区、企业要认真总结好的经验和做法，加以推广。对工作开展不力、流于形式的，要通报批评。对典型案例要予以曝光，积极引导各方参建主体扎实开展工作，力求取得实效。

（摘自《中国建设报》 宗边）

建筑产业现代化工作座谈会在沈阳召开

近日，住房城乡建设部在沈阳召开全国部分省市建筑产业现代化工作座谈会。18个省、9个市的主管部门及专家代表参加会议，北京、上海、山东、江苏、安徽、浙江、湖南、沈阳、深圳、厦门等地区代表进行了交流发言，辽宁省住房城乡建设厅、沈阳市政府、住房城乡建设部工程质量安全监管司负责人讲话。

会议认为，在新常态、“新四化”下，建筑产业现代化是推进建筑业转型升级的重要内容，是实施创新驱动的必然要求，是建设新型城镇化的战略选择，是建筑业可持续发展的根本途径，有利于全面提升建筑业的生产效率、改善作业环境、减少建筑垃圾排放和污染、解决现场施工质量通病，对提升建筑性能及使用寿命、满足群众居住品质需求，将起到更加重要的作用。

会议讨论了《建筑产业现代化发展纲要》（征求意见稿）（以下简称《纲要》），研究分析了当前建筑产业现代化的5个重点方面：一要发展建筑产业现代化结构技术体系，没有技术支撑，产业化将无根无源；二要推动建筑产业现代化建筑部品技术体系，没有技术体系，产业化将是一盘散沙；三要促进建筑产业现代化信息化技术，没有信息技术和互联网应用，产业化将不可能耳聪目明；四要发展工业化生产施工工艺与装备技术，没有先进工艺和装备技术，产业化将落位掉队；五要完善建筑产业现代化的技术标准体系，没有标准规范，产业化就没有规矩方圆，难以实现规范健康有序发展。

一些代表提出，推进建筑产业现代化要向改革要动力、向市场挖潜力，通过加大政策扶持力度，激发企业投身产业化的自觉性、积极性，形成政府、市场、企业良性互动、竞争有序的局面。同时，产业化应体现“品质至上，绿色高效”时代特色。代表们还提出，要重视宣传培训，提高全社会对产业化的认同、认知，营造良好的社会和舆论环境。

住房城乡建设部工程质量安全监管司相关负责人表示，各地代表在座谈会上提出了很多好建议，会后将汲取各方智慧，在《纲要》的修改过程中体现。他认为，当前建筑产业现代化要在各地经验的基础上，加强指导引导，瞄准市场需求，整合各方资源，创新技术体系，形成产业配套，以更准确的定位、更明确的目标方向发展产业化，使产业化能够扎根落地。

（摘自《中国建设报》 武春丽）

住房城乡建设部修改13项部门规章 多处注册资本金的要求被删除

日前，住房城乡建设部部长陈政高签署决定，对《房地产开发企业资质管理规定》等部门规章进行修改，并已开始施行。

此次修改根据为《公司法》，修改范围包括《房地产开发企业资质管理规定》、《市政公用事业特许经营管理办法》、《城市房屋白蚁防治管理规定》、《建设工程质量检测管理办法》、《工程造价咨询企业管理办法》、《工程建设项目招标代理机构资格认定办法》、《城市生活垃圾管理办法》、《工程监理企业资质管理规定》、《建设工程勘察设计资质管理规定》、《物业服务企业资质管理办法》、《城乡规划编制单位资质管理规定》、《房屋建筑和市政基础设施工程施工图设计文件审查管理办法》、《房地产估价机构管理办法》共13项部门规章。

此次修改涉及房地产开发、市政公用、建设工程等多个领域，放宽了对注册资本金的硬性要求，其中仅删除“注册资本金不少于XXX万元”或“XXX万元以上”的修改就达15处。

决定最后明确，该决定自发布之日（5月4日）起施行。所涉及部门规章根据该决定作相应修改，重新发布。

（摘自《中国建设报》 宗边）

2015年5月开始实施的工程建设标准

序号	标准名称	标准编号	发布日期
1	铝电解系列不停电停开槽设计规范	GB 51010-2014	2014-7-13
2	海堤工程设计规范	GB/T 51015-2014	2014-7-13
3	石油库设计规范	GB 50074-2014	2014-7-13
4	建设工程文件归档规范	GB/T 50328-2014	2014-7-13
5	工程结构设计基本术语标准	GB/T 50083-2014	2014-7-13
6	铀转化设施设计规范	GB/T 51013-2014	2014-7-13
7	煤矿选煤设备安装工程施工与验收规范	GB 51011-2014	2014-7-13
8	铀浓缩工厂工艺气体管道工程施工及验收规范	GB/T 51012-2014	2014-7-13
9	工程结构设计通用符号标准	GB/T 50132-2014	2014-7-13
10	水泥工厂岩土工程勘察规范	GB 51014-2014	2014-7-13
11	化工工程管架、管墩设计规范	GB 51019-2014	2014-7-13
12	工程摄影测量规范	GB 50167-2014	2014-7-13
13	铝电解厂通风除尘与烟气净化设计规范	GB 51020-2014	2014-7-13
14	非煤露天矿边坡工程技术规范	GB 51016-2014	2014-7-13
15	石油化工企业总图制图标准	GB/T 51027-2014	2014-8-27
16	石油库设计文件编制标准	GB/T 51026-2014	2014-8-27
17	传染病医院建筑设计规范	GB 50849-2014	2014-8-27

续表

序号	标准名称	标准编号	发布日期
18	火炸药生产厂房设计规范	GB 51009-2014	2014-8-27
19	有色金属矿山井巷工程质量验收规范	GB 51036-2014	2014-8-27
20	火力发电厂岩土工程勘察规范	GB/T 51031-2014	2014-8-27
21	城市电力规划规范	GB/T 50293-2014	2014-8-27
22	轻金属冶炼工程术语标准	GB/T 51021-2014	2014-8-27
23	有色金属冶炼工程建设项目设计文件编制标准	GB/T 51023-2014	2014-8-27
24	建筑设计防火规范	GB 50016-2014	2014-8-27
25	火炬工程施工及验收规范	GB 51029-2014	2014-8-27
26	铁尾矿砂混凝土应用技术规范	GB 51032-2014	2014-8-27
27	煤炭工业矿井节能设计规范	GB 51053-2014	2014-8-27
28	微组装生产线工艺设备安装工程施工及验收规范	GB 51037-2014	2014-8-27
29	再生铜冶炼厂工艺设计规范	GB 51030-2014	2014-8-27
30	工程岩体分级标准	GB/T 50218-2014	2014-8-27
31	多晶硅工厂设计规范	GB 51034-2014	2014-8-27
32	水利泵站施工及验收规范	GB/T 51033-2014	2014-8-27
33	油田注水工程设计规范	GB 50391-2014	2014-8-27
34	煤矿安全生产智能监控系统设计规范	GB 51024-2014	2014-8-27
35	防洪标准	GB 50201-2014	2014-6-23
36	建筑塑料门窗型材用未增塑聚氯乙烯共混料	JG/T 451-2014	2014-9-29
37	城市道路彩色沥青混凝土路面技术规程	CJJ/T 218-2014	2014-9-29
38	建筑给水塑料管道工程技术规程	CJJ/T 98-2014	2014-9-29
39	城市照明自动控制系统技术规范	CJJ/T 227-2014	2014-9-29
40	体育建筑电气设计规范	JGJ 354-2014	2014-10-20
41	城镇道路沥青路面再生利用技术规程	CJJ/T 43-2014	2014-10-20
42	公共建筑能耗远程监测系统技术规程	JGJ/T 285-2014	2014-10-20
43	建筑工程施工现场标志设置技术规程	JGJ 348-2014	2014-10-20
44	平开门和推拉门电动开门机	JG/T 462-2014	2014-12-4
45	建筑室内用发光二极管（LED）照明灯具	JG/T 467-2014	2014-12-4
46	建筑光伏夹层玻璃用封边保护剂	JG/T 465-2014	2014-12-4
47	矢量变频供水设备	CJ/T 468-2014	2014-12-4
48	半即热式换热器	CJ/T 467-2014	2014-12-4
49	集成材木门窗	JG/T 464-2014	2014-12-4
50	燃气输送用不锈钢管及双卡压式管件	CJ/T 466-2014	2014-12-4
51	建筑门窗、幕墙中空玻璃性能现场检测方法	JG/T 454-2014	2014-12-4
52	建筑装饰用人造石英石板	JG/T 463-2014	2014-12-4

本期
焦点

贯彻落实工程质量治理两年行动

编者按：

工程质量治理两年行动自2014年9月开展以来，引起了行业和社会的极大关注。《工程质量治理两年行动方案》明确提出要进一步发挥监理作用，鼓励有实力的监理单位开展跨地域、跨行业经营，开展全过程工程项目管理服务，形成一批全国范围内有技术实力、有品牌影响的骨干企业。监理单位要健全质量管理体系，加强现场项目部人员的配置和管理，选派具备相应资格的总监理工程师和监理工程师进驻施工现场。对非政府投资项目的监理收费，建设单位、监理单位可依据服务成本、服务质量和市场供求状况等协商确定。吸引国际工程咨询企业进入我国工程监理市场，与我国监理单位开展合资合作，带动我国监理队伍整体水平提升。

本期编辑刊登了部分人员对于如何更好履职尽责，发挥监理作用的一些想法与做法，供广大读者进行交流、讨论。

从某工程深基坑围护结构坍塌事故中分析监理应如何履职

上海市建设工程监理咨询有限公司　龚花强

由某监理单位实施监理的某超高层建筑工程，地上53层，地下4层，总高度265m，总建筑面积12.6万m^2。建设单位为赶工期，采用边设计边施工方式组织施工。桩基施工图完成后，通过招标将桩基工程和土方工程发包给与其长期合作的基础施工单位，在土方开挖前，建设单位通过公开招标选择了施工总包单位，将基础施工单位纳入总包管理范围，并在合同中约定了对基础施工单位管理的权利和义务。该项目在土方开挖时发生了基坑围护结构坍塌的安全生产事故。

一、事故发生经过

由于基础施工单位是一家在当地专业从事桩基础和土方开挖的施工单位，具有丰富的施工经验，因此，该单位仅凭以往的施工经验未经安全验算编制了《土方开挖专项施工方案》，报施工总包单位技术负责人审批后报项目监理机构。总监理工程师审批时提出由于基坑深度达22.6m，需要提供安全验算结果和专家论证的意见，基础施工单位解释说这一方案在前一个类似工程用过，规模比这个工程还大还深，当时专家认证的意见在这个方案中全部作了修改，并出示了前一个工程的方案及专家认证意见。总监理工程师核对后确实如此，就签署同意了该专项方案报审表后直接让基础施工单位组织基坑开挖。基础施工单位为与监理沟通方便，安排了一名在桩基施工阶段与监理较熟悉且工作认真负责的质检员兼任专职安全管理员进行现场安全生产管理工作。

专业监理工程师在巡视时发现，基础施工单位未按审批同意的施工方案组织施工，擅自改变了土方开挖顺序，并将此一情况及时报告了总监理工程师。总监理工程师马上向施工总包单位签发了工程暂停令。施工总包单位表示可以转发给基础施工单位，但说明基础施工单位是建设单位的长期合作单位，合同是与建设单位直接签的，只是作为一个总包中标条件，要承诺中标后将已进场的基础施工单位纳入总包施工管理，实际上这家单位也不服从总包的管理，只听建设单位的，根本无法对其进行管理。还提醒总监，这事基础施工单位好像与建设单位商量过，你们可以先征求一下建设单位的意见。于是，总监与建设单位进行了沟通，建设单位认为这家施工单位非常有经验，在上一个工程为赶期也是这么做的，没有出什么问题，而且，这一工程在桩基施工时遇到雨季影响，使工期延期了近一个月，目前总包已经进场，如不能在合同约定的时间将工作面交给总包，总包要进行索赔，因此，建设单位要求基础施工单位将合同中原定的两个月土方开挖工期压缩到一个半月，而改变原来的土方开挖顺序可以有效地提高出土速度，所以，不同意监理单位的停工指令。为此，总监理工程师收回了发给施工总包单位的工程暂停令，改发了一份监理通知单，只要求加强对基坑变形的观察。在后续的施工中，基坑变形逐日增加，当超过报警值时，总监理工程师及时签发了工程暂停令，但基础施工单位认为超过报警的值不大，还是继续开挖。总监理工程师向建设单位进行了汇报，并告知要向建设行政主管部门报告，建设单位让总监理工程师等等，由他们了解一下情况后与基础施工单位协调。但在建设单位协商的过程中，因围护结构变形过大引发了基坑局部坍塌的事故。

当地质监站到现场了解情况后，开出了停工整改单，认为参建各方均有责任，并明确监理单位没有按照监理规范履行监理职责，违反了有关法律法规的要求。

二、分析这一事故中的参建各方责任

事故发生后，总监理工程师组织监理人员按照相关法律法规要求和监理规范分析了参建各方的责任：

建设单位应当承担责任。因为建设单位压缩了合同约定的工期，不让总监理工程师向政府建设行政主管部门报告，违反了《建设工程安全生产管理条例》第七条“建设单位不得对勘察、设计、施工、工程监理等单位提出不符合建设工程安全生产法律、法规和强制性标准规定的要求，不得压缩合同约定的工期”的规定。

施工总包单位应负连带责任。因为，施工总包单位没有对施工现场的安全生产实施有效管理，对深基坑土方开挖方案未要求附具安全验算结果和组织专家论证，违反了《建设工程安全生产管理条例》第二十四条“建设工程实行施工总承包的，由总承包单位对施工现场的安全生产负总责”及“总承包单位和分包单位对分包工程的安全生产承担连带责任”的相关规定，也违反了该条例第二十六条关于“达到一定规模的危险性较大的分部分项工程编制专项施工方案，并附具安全验算结果”，及“涉及深基坑、地下暗挖工程、高大模板工程的专项施工方案，施工单位还应当组织专家进行论证、审查”的相关规定。

基础施工单位应负主要责任。因为，基础施工单位凭以往的施工经验未经安全验算编制了《土方开挖专项施工方案》和未组织专家认证，未安排专职安全管理人员进行土方开挖的安全生产管理，擅自改变了土方开挖顺序，并不服从施工总包和监理的管理，不执行工程暂停令，违反了《建设工程安全生产管理条例》第二十四条“分包单位应当服从总承包单位的安全生产管理，分包单位不服从管理导致生产安全事故的，由分包单位承担主要责任”的规定，以及违反了第二十六条中关于“达到一定规模的危险性较大的分部分项工程编制专项施工方案，并附具安全验算结果，经施工单位技术负责人、总监理工程师签字后实施，由专职安全生产管理人员进行现场监督 ”，及“涉及深基坑、地下暗挖工程、高大模板工程的专项施工方案，施工单位还应当组织专家进行论证、审查”的相关规定。

监理单位也应承担相应的监理责任。因总监理工程师在审核《土方开挖专项施工方案》时虽发现了未附具安全验算结果和专家论证资料，但未坚持自己的正确要求，还是批准同意了该方案；对基础施工单位的兼职安全管理人员的问题未提出整改要求，当基础施工单位拒不执行工程暂停令时未及时向建设行政主管部门报告，违反了《建设工程安全生产管理条例》第十四条“工程监理单位在实施监理过程中，发现存在安全事故隐患的，应当要求施工单位整改；情况严重的，应当要求施工单位暂时停止施工，并及时报告建设单位。施工单位拒不整改或者不停止施工的，工程监理单位应当及时向有关主管部门报告”的规定。同时，监理单位未严格按该条例中第二十六条中关于“达到一定规模的危险性较大的分部分项工程编制专项施工方案，并附具安全验算结果，经施工单位技术负责人、总监理工程师签字后实施，由专职安全生产管理人员进行现场监督”，及“涉及深基坑、地下暗挖工程、高大模板工程的专项施工方案，施工单位还应当组织专家进行论证、审查”的相关规定实施监理。另外，总监理工程师签署同意了土方开挖专项方案报审表后直接让基础施工单位组织基坑开挖也不符合《建设工程监理规范》（GB/T 50319-2013）5.5.4条中“专项施工方案报审表应按本规范B,0.1的要求填写”规定，因在规范B,0.1表中明确要求，对超过一定规模的危险性较大的分部分项工程制专项施工方案应由建设单位审批同意。

三、从这一事故中分析监理应如何履职

总监理工程师在组织讨论这一事故中各方应按法律法规和监理规范所承担的责任和原因分析外，还进一步分析了项目监理机构在整个事件履职情况，明确了以后的履职要求：

总监理工程师在审核《土方开挖专项施工方案》时要求施工单位提供安全验算结果和专家论证的意见是正确的，但最后接受了基础施工单位的意见，用以往工程施工方案的专家论证意见来代替本项目的专家论证意见是错误的，因为没有考虑到工程项目的建设特点，每一项目因其建设规模、地点、时间、环境等不同而各不相同。每一项目都应独立编制专项施工方案并附具安全验算结果，对超过一定规模的危险性较大的分部分项工程，就要求施工单位独立组织专家论证。

监理人员对基础施工单位安排质监员来兼任专职安全员管理的问题，没有意识到是违反了《建设工程安全生产管理条例》要求，也没有向总监理工程师汇报，更没有要求施工单位整改，这说明监理人员对法律法规还不够熟悉。因此，监理人员要进一步学习掌握法律法规文件和规范要求，才能更好地履行监理职责。

当发现基础施工单位未按审批同意的施工方案组织施工时，总监理工程师马上向施工总包单位签发工程暂停令是不符合《建设工程监理规范》GB/T50319-2013　5.5.5条规定的，在这一条中规定“发现未按专项施工方案实施时，应签发监理通知单”。

总监理工程师与建设单位沟通时，要表明自己的观点，应依据《建设工程监理规范》GB/T 50319-2013　5.5.3条中“专项施工方案需要调整时，施工单位应按程序重新提交项目监理机构审查”的规定，向建设单位提出，如改变土方开挖顺序确实有利于工程进度，则应要求施工单位按原报审程序重新报批调整后的《土方开挖专项施工方案》，待方案报批同意后，可以按调整后的方案实施。

总监理工程师收回了发给施工总包单位的工程暂停令，改发了一份监理通知单的做法是正确的，但内容只要求加强对基坑变形的观察不对。应按《建设工程监理规范》GB/T 50319-2013　5.5.5条的规定，要求施工单位按专项方案实施，或要求施工单位重新报批调整后专项施工方案。

总监理工程师也检讨了自己在这一事件的处理过程中未向公司本部报告，今后遇到这类事件，特别是现场施工单位未按原施工方案施工或违反强制性条款，施工单位不重新报批施工方案或不执行监理指令，建设单位又不支持监理工作，造成工程存在质量安全隐患的，应及时向公司本部汇报，如有必要，可由公司出面与建设单位沟通或协助处理。

通过总监理工程师组织监理人员对这一事故中各方责任和监理履职情况的分析讨论，充分认识到作为一个合格的监理人员要加强相关法律法规、强制性标准条款与监理规范的学习，在实施监理过程中要严格按照相关要求履行监理职责。在依法依规履职过程中要不受各种外界因素的影响，该坚持的原则一定要坚持，该发通知或停工令的一定发，该汇报、报告的也要及时汇报、报告，这样才能有效地履行监理职责，规避因监理失职给个人和公司带来的不利风险。

抓主线，守底线，将监理责任落实到位
——学习《建筑工程项目总监理工程师质量安全责任六项规定（试行）》的体会

连云港市建设监理有限公司 王怀栋

摘 要 在全国工程质量治理两年行动深入推进之际，为明确总监理工程师应承担的质量安全责任，住房和城乡建设部出台了《建筑工程项目总监理工程师质量安全责任六项规定（试行）》。本人通过对该文件的认真学习，从中理解到其精神实质，认为总监必须紧紧“抓住工程质量这条主线，守住安全履职这道底线，将监理责任落实到位”，才能确保工程质量和施工安全，避免发生质量安全问题而被追究责任的风险。

关键词 质量 安全 监理责任

建设监理制度在我国已实行二十多年，监理在保障工程质量和施工安全、提升工程投资效益等方面发挥了重要作用。但在实际工作中也存在监理职责落实不到位、监理作用发挥不充分、部分监理人员素质不高等问题，尤其是项目总监到位率低、现场不认真履职、出现问题不作为等问题较为突出。随着近年来建筑业改革的深入，进一步发挥监理作用特别是总监作用显得尤为重要。2015年3月6日，国家住房和城乡建设部在《建筑法》、《建设工程质量管理条例》、《建设工程安全生产管理条例》、《注册监理工程师管理规定》、《建设工程监理规范》等法律法规以及部门规章和规范性文件的基础上，出台了《建筑工程项目总监理工程师质量安全责任六项规定（试行）》（以下简称《六项规定》），要求监理单位法定代表人，在建筑工程项目开工前签署授权委托书，明确本单位项目总监，并规定总监应承担的质量安全责任及相应的行政处罚。此次出台的《六项规定》，是在出台《建筑工程五方责任主体项目负责人质量终身责任追究暂行办法》之后的又一部门规章文件，共有六项责任规定及违反规定后对应的六项处罚办法，内容虽然不多，但意义深远，是将法律法规对总监的法定要求进行了细化和量化，是总监质量终身责任追究制度的进一步完善，同时也是深入推进工程质量治理两年行动的重要举措，其目的是加强监理对质量的管理、安全的履职，切实落实总监的质量安全责任，是总监负责制的体现。把监理责任落实到总监，为进一步强化质量安全责任追究提供了制度保障。因此，总监必须吃透《六项规定》的文件精神，紧紧“抓住工程质量这条主线，守住安全履职这道底线，将监理责任落实到位”，才能确保工程质量和施工安全，避免发生质量安全问题而被追究责任的风险。

一、总监负责制与监理责任的关系

《六项规定》中第一条明确提出“项目监理工作实行总监负责制”，这是我国建设工程监理的一项基本制度。总监是工程监理单位法定代表人书面任命的项目监理机构负责人，是工程监理单位履行建设工程监理合同的全权代表，代表工程监理单位主持项目的全面监理工作并对其承担终身责任。总监承担监理责任的前提是总监负责制，总监授权越充分，监理职责就越明确，责任就越容易落到实处。权利和责任是总监负责制的主要内容，但责任是其核心，它对总监的工作形成了压力和动力。因此，《六项规定》对总监的任职也提出了具体要求，即总监必须取得执业注册资格且只能受聘于一个监理单位从事执业活动。

二、各项责任层层落实到位

《六项规定》的实质是将监理责任进行细化、量化和分解，从工程质量和施工安全两大角度入手，将主要责任落实给总监，但监理单位、其他监理人员、政府主管部门等也要履行相应的职责，承担相应的责任。

1.监理单位的责任

首先，监理单位应根据项目的具体情况及招投标要求，选择一个合适的具备相应执业资格要求的总监，与其签署授权委托书，明确职责范围。其次，监理单位选派的进驻项目现场的其他监理人员应具备相应的资格，对安排不合格的监理人员，总监有权要求监理单位进行更换，这在第三条规定有明确要求。再次，总监违反规定时，监理单位要承担相应的责任，如第三项行政处罚中规定：“项目总监将不合格的建筑材料、建筑构配件和设备按合格签字的，按照《建设工程质量管理条例》第六十七条规定对监理单位实施行政处罚”。说明监理单位对总监的工作负有管理、监督、检查的义务，对总监违反规定的行为要承担相应的责任。

2.总监的职责和权力

总监的职责和权力在《六项规定》中体现得淋漓尽致，将监理责任落实给总监，是《六项规定》的精髓。在总监职责方面，一是规定了禁止行为，这是总监职责中的最重要要求，是不可触及的高压线，处罚也是最严厉的。如第三条规定不得将不合格的建筑材料、建筑构配件和设备按合格签字；第六条规定不得将不合格工程按合格签认。二是进一步明确了总监的责任和义务。如第二条规定项目总监应当在岗履职；应当审查施工单位提交的施工组织设计中的安全技术措施或者专项施工方案并督促实施；应当组织审查施工单位报审的分包单位资格，督促施工单位落实劳务人员持证上岗制度；第三条规定应当组织项目监理人员采取旁站、巡视和平行检验等形式实施监理，按照规定对施工单位报审的建筑材料、建筑构配件和设备进行审查；第五条规定发现存在安全事故隐患，应当要求施工单位整改，情况严重的，应当要求施工单位暂时停止施工，并及时报告建设单位；第六条规定应当审查施工单位的竣工申请，并参加建设单位组织的工程竣工验收。总监权力主要体现为三点。一是对监理机构其他人员的监督管理权力，如第三条规定项目总监应当组织项目监理人员采取旁站、巡视和平行检验等形式实施工程监理。二是项目总监被明确赋予签发工程暂停令的权力，即第四条规定了项目总监发现施工单位未按照设计文件施工、违

反工程建设强制性施工或者发生质量事故的，有权按照建设工程监理规范规定及时签发工程暂停令。三是当现场情况比较严重或施工单位拒绝总监管理时，总监享有向主管部门报告的权力。如第二条规定总监发现施工单位存在转包和违法分包的，有权向建设单位和有关主管部门报告；第五条规定项目总监发现存在安全施工隐患的，施工单位拒不整改或者不停止施工的，有权向有关主管部门报告。

3.其他监理人员的责任

监理单位选派的进驻现场的其他监理人员，如专业监理工程师、监理员、见证员等，应按照法律法规、监理合同及监理规范的规定，履行相应的监理职责，承担相应的监理责任。《六项规定》规定："项目总监责任的落实不免除工程监理单位和其他监理人员按照法律法规和监理合同应当承担和履行的相应责任。"

4.政府主管部门的责任

为进一步发挥政府主管部门的监管作用，保证工程质量和施工安全，《六项规定》对政府主管部门的职责也提出了明确的要求。一是及时处理安全事故隐患的责任，如第五条规定主管部门接到项目总监报告后，应当及时处理；二是依法实施监督检查的责任，《六项规定》要求各级住房城乡建设主管部门应当加强对项目总监履职情况的监督检查，对违反规定的，依照相关法律法规和规章实施行政处罚或处理；三是加强诚信体系建设的责任，要求各级住房城乡建设主管部门应当建立健全监理企业和项目总监的信用档案，将其违法违规行为及处罚处理结果记入信用档案，并在建筑市场监管与诚信信息平台上公布。

三、各项处罚措施处处彰显严厉

对应《六项规定》的每一项要求，附件给出了《建筑工程项目总监理工程师质量安全违法违规行为行政处罚规定》的具体内容，明确了监理单位和项目总监的违法违规行为及相应的行政处罚，处罚措施处处彰显严厉。对项目总监个人的处罚主要有两个方面。一是行政执业责任的处罚，包括暂停执业、降低执业资格的级别、吊销证书或多少年不予注册等。如项目总监违反第三项规定，对不合格的建筑材料、建筑构配件和设备按照合格签字的，按照《建设工程质量管理条例》第七十三条规定对项目总监停止执业1年到5年或者终身不予注册执业的处罚。二是经济处罚，对总监个人的违法行为，比照对于单位违法行为的处理，按照一定的百分比进行罚款，如项目总监违反第六项规定的，将不合格工程按照合格签认的，按照《建设工程质量管理条例》第七十三条规定对总监处单位罚款数额5%以上、10%以下的罚款。此外，对于总监在执业过程中造成重大质量安全事故构成犯罪的，依照刑法有关规定追究其刑事责任。由于总监在施工现场代表监理单位履行合同义务，因此，由于总监过错及监理单位过错而造成的质量安全事故，监理单位应承担相应的责任及行政处罚，例如项目总监违反第二项规定，未按规定组织审查施工单位提交的施工组织设计中的安全技术措施或者专项施工方案的，按照《建设工程安全生产管理条例》第五十七条规定对监理单位停业整顿并处10万元以上、30万元以下的罚款到降低资质等级、吊销资质证书、承担赔偿责任等处罚。

四、抓主线，守底线，将监理责任落实到位

面对《六项规定》带来的压力，总监必须勤奋工作，严格监理，紧紧抓住工程质量这条主线，守住安全履职这道底线，认真履职，把监理责任落到实处，才能规避监理责任，避免出现质量安全问题时而被追究的风险。

1.抓质量控制这条主线

对于总监而言，工程质量控制是其最基本的职责和最重要的工作内容，也是监理生存和发展的立足之本。在质量控制中，总监应规范管理，严格

按程序办事，注重过程控制，控制好工程实体质量。总监及监理机构全体人员应熟悉和掌握监控的范围和重点，从设计图纸、原材料到分部分项工程施工，每个环节必须有效控制。总监应组织各专业监理人员认真审查施工组织设计及专项施工方案，监督施工单位严格按方案要求施工；监理人员应加大现场巡视检查的力度，及时发现施工中存在的质量问题，进行记录，并根据问题的具体情况，采取监理通知单或暂停令的形式，指令施工单位整改或暂停施工，监理应跟踪检查施工单位的整改过程，验证整改结果，以消除质量隐患。总监应安排监理人员对关键部位和关键工序实施旁站监理，对于一些特别重要的部位或容易出现质量问题的环节，总监自己应进行旁站，以及时了解、记录施工作业的状况和结果，及时纠正出现的问题，确保工程质量。监理对进场的材料、构配件和设备，应严格把关，进行平行检验、见证取样等，杜绝不合格材料用于工程中。监理对施工完成的各道工序应进行严格的检查和验收，验收不合格或不符合报验制度的工序，一律不得签字，不得进入下道工序的施工。对不合格的要彻底整改，直至符合设计和规范要求为止。对施工单位拒不整改的问题或存在的严重质量问题，总监应按规定向建设单位和行政主管部门履行报告义务。

2.守住安全履职这道底线

当前安全管理工作任务重、风险高、责任大，是总监工作中的一个难点。在安全管理方面，就是要贯彻执行《建设工程安全生产管理条例》的内容，严格履行监理审、查、停、报的安全职责，严防疏漏。“审”就是要认真审核施工单位编制的施工组织设计的安全技术措施、施工现场临时用电方案和危险性较大的分部分项工程专项施工方案，“审”一定要仔细，对不符合要求的方案坚决不予通过。“查”就是要加强现场的巡视和检查，督促施工单位严格按照法律、法规、工程建设强制性标准和审查批准的施工方案组织施工，制止违规施工作业，督促施工单位安全保证体系的正常运行；发现存在施工安全隐患的，要及时要求施工单位整改，并对整改结果进行复查，“查”一定要到位，使现场安全处于受控状态。“停”就是发现施工现场存在安全问题情况严重时，总监应要求施工单位暂时停止施工，并及时报告建设单位，“停”一定要及时，严防安全事故的发生。“报”就是施工单位对存在的安全问题拒不整改或者不停止施工的，总监应及时向有关主管部门报告，“报”一定要果断，以规避安全责任的追究，圆满完成监理对安全职责的履职工作。

互联网+在建设工程质量安全隐患预控方面的初步探索

湖南省华顺建设项目管理有限公司　张首红　张红宾　盛海军　谭政强　谢为　唐义

摘　要　随着国家建设的快速发展，工程质量安全问题一直是社会难以解决的一块心病，质量安全问题已被国家、工程主管部门及施工管理者高度重视。我公司就是在这种社会进步需要的情况下进行一系列工程质量安全监测及预警工作的研发，把互联网+充分运用到工程建设质量安全监测及预警工作当中去。本文从工程质量安全预警系统组成、主要功能、预警系统计算模型在工程案例上的应用来体现互联网+在工程质量安全预警系统的高效性，从工程监测原理、监测范围及监测仪器在工程案例上的应用（施工过程监测及健康监测）同样体现互联网+在工程监测当中的重要性。工程质量安全预警系统集监测与预警为一体，能最大限度降低建设工程的质量、安全事故，杜绝质量、安全事故的发生，还可提高现场施工技术人员的质量、安全意识。

近年来，社会对建设监理的质疑急剧增加，最低限度说明社会对监理的期望值很高，我们所做的工作有所欠缺。

作为行业的一员，我们也一直在思索如何改变这种被质疑的状况。我们认为，对现有服务进行提升，固然可以一定程度上提高监理服务水准，但空间有限，而且受到诸多方面的制约。与时俱进，用现代信息工程技术取代传统的服务方式，才是建设监理的发展方向。我们将常见质量安全问题及重大危险源预控作为突破口，举全公司之力进行新的质量安全预警技术手段研究，力争做到科学、准确、用数据说话，使监理的工作成果变得直观，变得更加富有成效。六年过去了，终于取得了一些突破，这里将我们的工作成果和体会介绍如下，希望能够得到业内同行的指教。

一、预警系统组成

本质量安全预警系统分为三大功能模块。一是常见质量安全问题的预警和对质量安全问题给出的建议及解决措施。二是开发了100多个计算模型，现场实测实量数据输入计算模型即可得出监测部位是否符合规范及设计要求及不符合要求的问题根源。三是针对重大危险源研发了一系列传感器，以及与之配套的数据处理和无线传输系统，实时监控现场质量安全情况。我们的设想是，能够对质量安全隐患全覆盖，最大限度地将质量安全隐患消除在萌芽阶段。

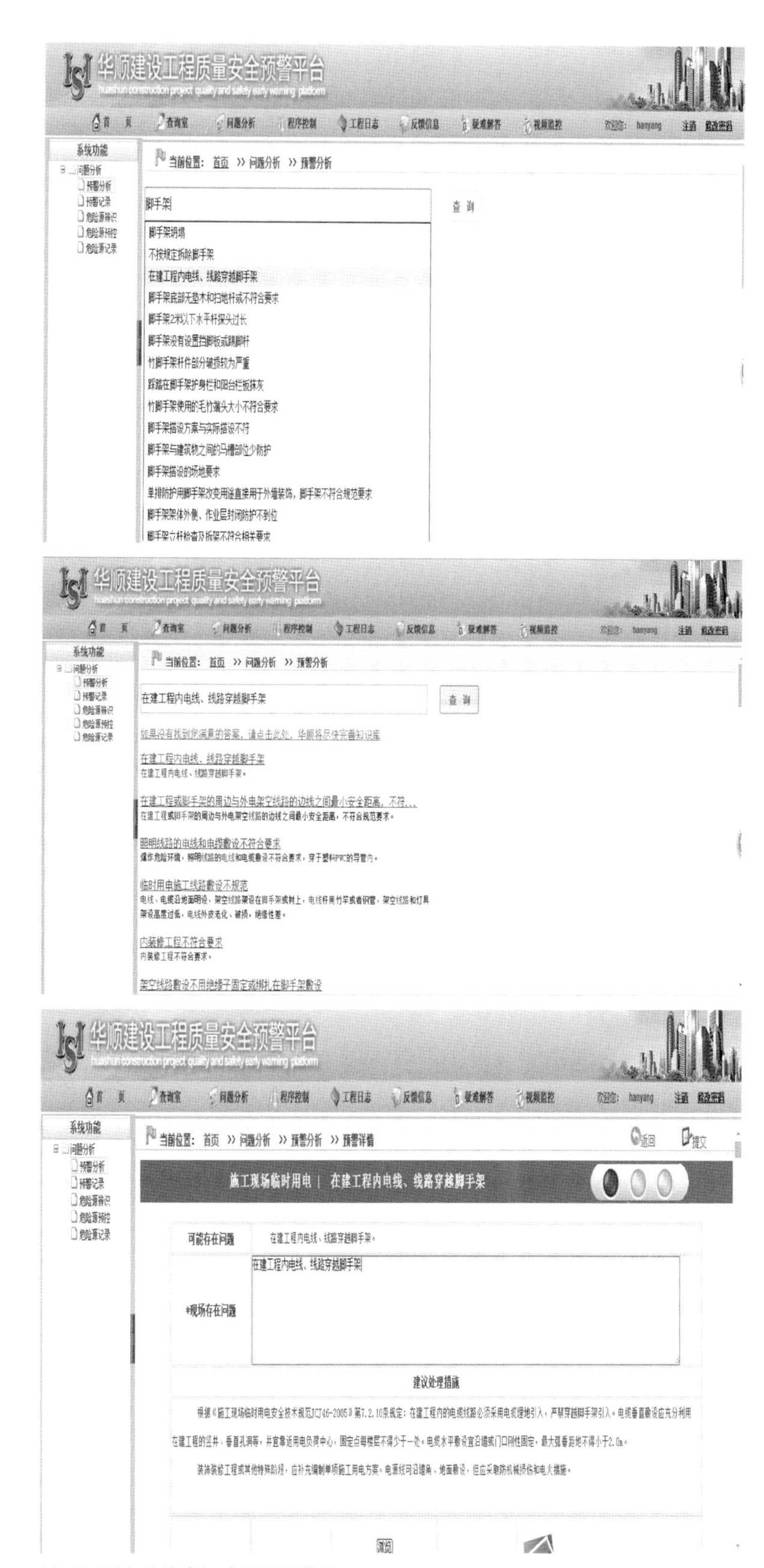

针对问题症状搜索解决问题的措施

二、预警系统主要功能

1.常见质量安全问题查询及预警

系统建立了一套预警数据库，录入了房屋建筑工程、市政公用工程、石油化工工程、电力工程及水利水电工程的国家规范和标准，共计4112本，两万多个常见质量安全问题的症状及建议解决办法，以及标准方案和不合格方案的图片对照。标准和规范录入到小节，查询可以直接查找到具体问题，而不是在整篇规范中再去查找具体问题。常见质量安全问题可以针对具体问题查找解决问题的办法，也可将不能辨别的疑似问题输入系统，系统将对照问题的症状进行比对，给出建议及解决措施。对违反强制性条文或严重质量安全问题，系统在提出解决问题的建议及处理措施的同时，按问题的严重程度给出预警。

2.采用数学模型对施工方案进行复核

作为现场专业人员，对施工方案的计算进行复核并提出建议是一项重要的工作，但由于这类计算大多十分繁杂，实施起来十分困难，对人员素质要求很高。我们选取100多个重要且计算复杂的计算式，建立了数学模型，现场人员只需要将实际测量数据输入模型，即可以得出计算结果。对实施情况和方案进行比对、分析、调整，也解决了现场人员计算的难度。

案例：某房建工程柱模面板抗弯强度核算

1.现场实测数据

	高	截面	钢管柱箍	柱箍间距	木竖楞
柱模	3000mm	800mm × 800mm	$\phi 48 \times 3.0$	300mm	50mm × 100mm

2.现场专业人员根据预警平台选择柱模计算模型并输入实测数据进行核算。

面板计算

面板抗弯强度计算：

$\sigma = M/W = 0.569 \times 10^4 / 5.400 \times 10^4 = 10.533\text{N/mm}^2$

实际弯曲应力计算值σ= 10.533N/mm^2，小于抗弯强度设计值$[F]$=29N/mm^2，满足要求。

支撑梁抗弯强度计算公式

$$\sigma=\frac{M_{nm}}{W}\leq[f]$$

式中 σ ——支撑梁承受的实际应力；

M_{nm} ——支撑梁承受的最大弯矩；

W ——等截面材料的截面抵抗矩；

$[f]$ ——支撑梁所用材料的抗弯强度值。

承受均布荷载的等跨连续梁的最大弯矩计算公式

$$M_{nm}=K_{M}ql^{2}$$

式中 K_M ——最大弯矩系，等跨三跨连续梁的最大弯矩系数为0.100；

q ——梁上承受的均布荷载值大小；

l ——三跨连续梁每一跨的跨度。

3.根据计算结果可直观知道面板抗弯强度符合要求

柱箍强度验算：

依据规范《建筑施工模板安全技术规程》JGJ 162–2006，柱箍强度应按拉弯杆件采用下式验算：

$$\frac{N}{A_n}+\frac{M_n}{W_{nm}}\leq f_n$$

式中 N ——柱箍轴向拉力设计值；

A_n ——柱箍净截面面积；A_n=50mm×20mm=1000mm^2；

M_n ——柱箍承受的弯矩设计值；

W_{nm} ——柱箍截面抵抗矩；

计算过程如下：

$q=F_n\times l$=0.0348×150=5.216N/mm

M=5.216×500/2=1303.88N

M_n=5.216×500^2/8=162984.38N

$N/A_2+N_2/W_{nm}$=1303.88/1000+162984.38/3333.33=48.90>F_n=15N/nm^2，柱箍强度不满足要求。

4.根据计算结果可直观知道柱箍强度不符合要求。

3.实时监测

1）针对高边坡、高支模、脚手架、塔吊、人货电梯等重大危险源研发了相应的监测仪器，并解决了安装及信号传输问题。

2）针对主体结构的不均匀沉降、水平位移、梁柱变形等问题，研发了相应的监测仪器，并解决了安装及信号传输问题。既可发现施工过程中存在的质量隐患，又可作为项目运营过程的健康监测手段。

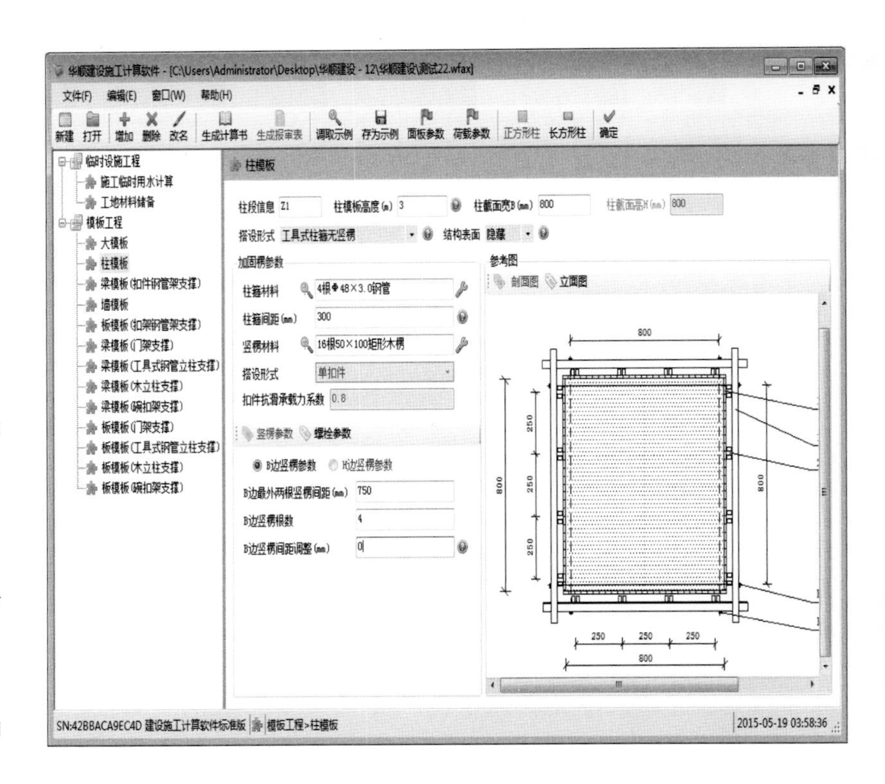

监测原理：按照监测要求在需要监测的设备（或结构）主要受力、受力复杂、变形较大及规范要求的部位安装特制的传感器，传感器通过传输设备将实时变化的物理量传输到数据处理器，数据处理器再将数据通过无线（有线）传输到计算机。计算机将数据经处理后绘制成图像（如曲线）。当监测部位变动范围达到或超过允许变动范围时，系统将自动预警。

目前可实现的监测范围：房屋建筑、市政道路、铁路、桥梁、隧道、矿山、水利等工程施工及运营，包括房屋建筑工程的基坑水平及竖向位移、基础沉降、脚手架及支模架的稳定性、塔吊过载及倾角，以及运营过程的梁柱变形、结构不均匀沉降等，道路工程的基础沉降、边坡倾角、边坡孔隙水压、边坡沉降等，隧道工程的拱顶沉降、隧道收敛等。其中结构的变形、不均匀沉降监测既可作为施工过程监测，也可作为项目健康监测（运营监测）。

案例一　湖南某房建工程在线监测方案

1.项目概况

本工程为超高层建筑，主塔楼为钢管混凝土框架+钢筋混凝土核心筒+伸臂桁架混合结构体系，裙楼为框架结构体系，地下室采用框架+抗震墙结构体系。

2.施工辅助设备监测内容

1）爬模架和支模架监测

监测爬模架的稳定性是保证施工人员安全的措施之一。根据施工设计计算及规范要求，选取上框架最不利的拉弯杆件与最不利压弯杆件，同时支撑平台上的主要承力梁选取其最大受力点，对于每台爬模机，拟采用表面式应变计按图所示在爬模机左右对称两侧各布置3个测点，采用无线传输的方式进行数据传输。

2）塔吊监测

塔吊设备是重要的垂直运输设备，是决定施工进度的关键环节，同时塔吊设备承担着较大的工作负担，为保障其正常的使用状况，拟对2台塔吊的横梁和预埋板进行应力监测。在横梁的中间的易折弯部位及4个角柱上均匀布设4个监测点。在预埋板的承重梁上选择2个监测点，可以获得结构的应力应变分布规律及应力集中状况，检验结构的强度储备。

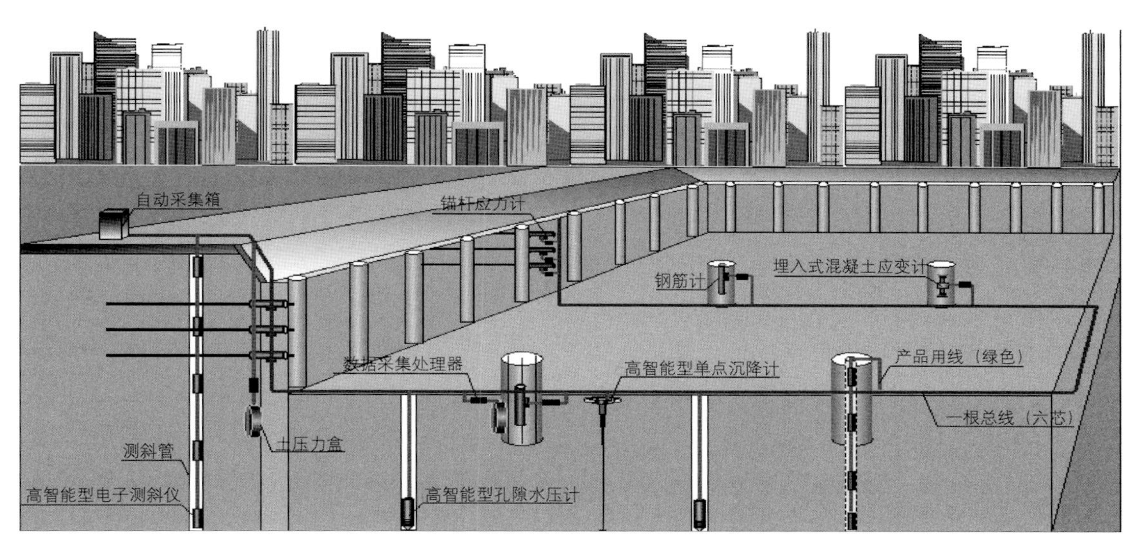

地基自动化监测系统示意图

基坑施工监测

监测项目	监测仪器	测点布置
基坑围护结构沉降监测	静力水准仪	布置在基坑围护结构顶阳角处及直线段，每隔20m布置一个点，每边测点数不少于3个
基坑周围原有重要的建筑物沉降、倾斜监测	静力水准仪、测斜仪	布置在基坑周边原有建筑物上，布点间距15m
基坑周围原有重要的建筑物、地表裂缝监测	裂缝计	每条重要裂缝监测点数不少于2个
锚杆应力监测	锚杆应力计	基坑每边阳角、中部宜布置测点
基坑围护结构深层水平位移观测	测斜仪	竖向每隔4m、横向每隔20m布置一个点
围护结构土体压力监测	土压力盒	每边15m布置一个点，每边监测点不少于1个
地下水位	孔隙水压计	测点在水压力变化影响深度范围内按土层分布情况布设

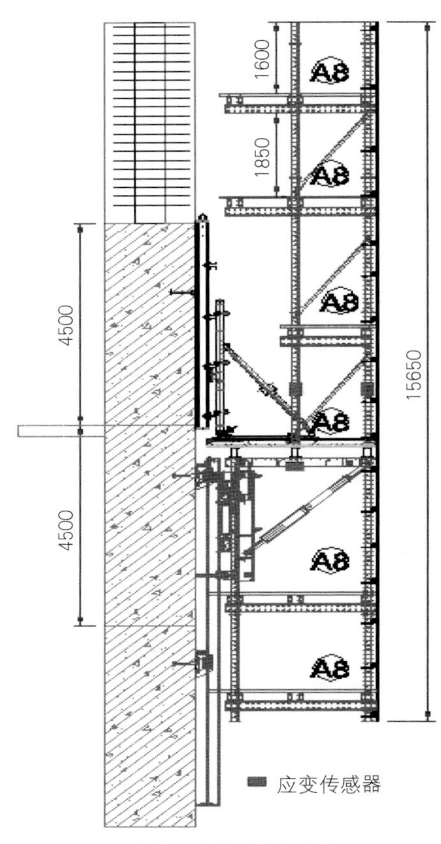

爬模架监测系统布置图

3）人货电梯监测

该方法的核心技术为空间磁场矢量合成原理，通过对钢丝绳释以一定强度的磁场使其磁化后，再提取已施加磁载的铁磁性材料（钢丝绳）上弱磁能势分布差异信息，根据不同的波形来识别钢丝绳内外部的各种缺陷。

3. 结构主体监测内容

对结构主体的监测既包括施工过程的监测，也可延续到项目运营过程的监测（即健康监测），故均设置为永久性监测点，可在项目交付后继续使用。

1）不均匀沉降监测

本工程主塔楼高75层，塔楼的施工过程中，随着塔楼增高，风、日照、温度及现场施工等对结构发生不均匀沉降的影响愈发显著，同时，施工工程本身对结构的安装精度要求高，这就要求对内外桶结构间的相对位移作出准确、实时的测量，有助于施工的顺利进行。

沉降监测点是布设在建筑物体上直接反映主体结构形变的监测点，其点位埋设的合理性决定了沉降监测数据的可靠性。根据规范的规定，沉降监测点的埋设要均匀合理，监测点必须牢固稳定，能长期保存，保证其具有良好的通视性。根据现场情况选择F4层作为监测截面，并将J1设为基准点，共选取10个监测点（J1、J2、J3……J10）。

10个测点都选择安置在主体结构的主承重柱上，从 J1到J6共6个测点组成一个闭合水准路线，监测双筒结构外层的不均匀沉降变化；J7到J10共4个测点组成一个闭合水准路线，监测双筒结构内层的不均匀沉降变化；分别在J1和J7、J2和J8、J4和J9、J5和J10每两者间组成四个闭合水准路线，来对比主体结构内外两层之间的沉降变化。

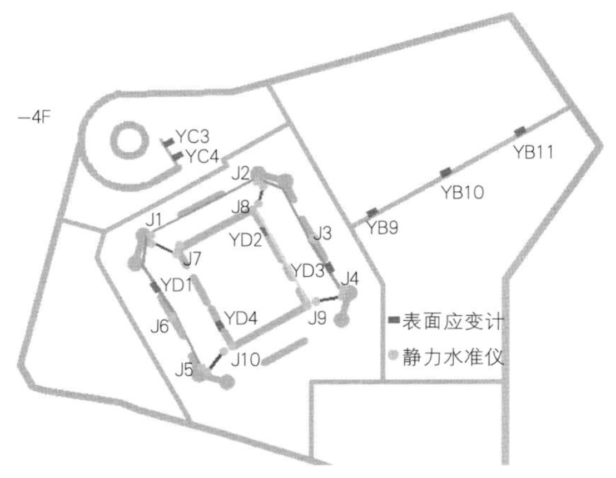

F4层监测系统布置图

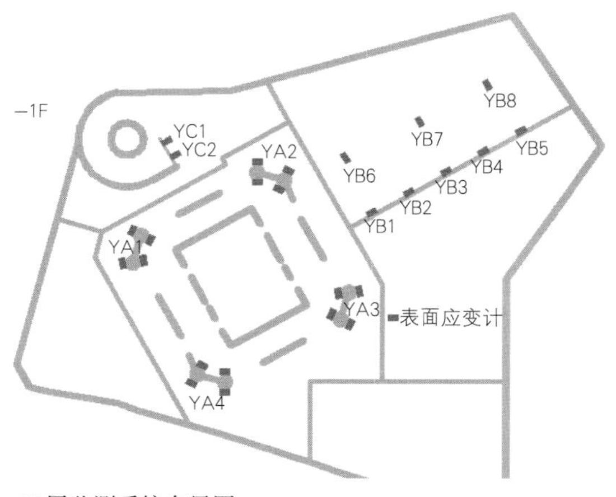

F1层监测系统布局图

同时，在这个监测截面的相隔较远的两两承重柱之间，也在两个沉降监测点之间，选择4个监测点（F4层监测系统布置图中YD1到YD4），来监测横梁的应力变化，在测量横梁受力的情况下，还能与沉降监测相互校验。

2）钢管混凝土柱应力监测

钢管混凝土巨型柱是塔楼结构的主要承力构件之一，本工程核心筒内墙体分段多、截面变化多、连续性差，核心筒剪力墙外墙厚度最大1800mm，最小400mm，拟在截面变化较大的楼层布设测点，在F1层选择8个监测点，并对称布置2个传感器（F1层监测系统布局图中YA1到YA4），在F5、F16、F39、F64层选择4个监测点（F5、F16、F39、F64层应力监测布局图中H1到H4），实时测量巨型柱的受力状况 。

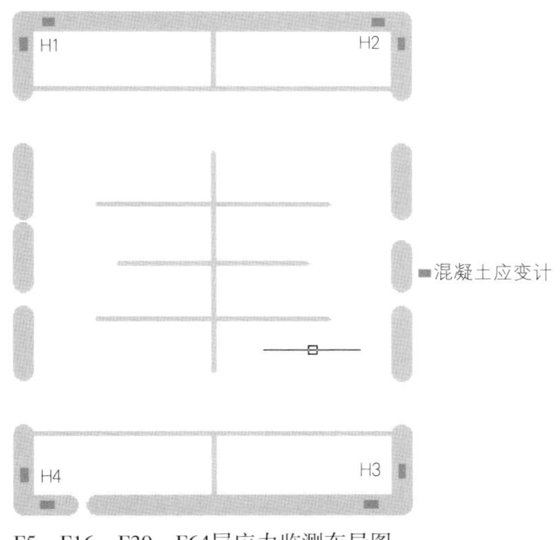

F5、F16、F39、F64层应力监测布局图

为了更精准监测主体结构的安全性，在F5、F16、F39、F64层采用埋入式的应变计。在更直观测量的同时，也加大了现场施工的难度。

3）地下室顶板应力监测

F1层地下室顶板承受着覆土压力与路面荷载，为监测其受力情况，测点布置在梁与梁之间，拟布设8个测点（F1层监测系统布局图图中YB1到YB8）；考虑后期运营监测，在F4顶板增加3个应变监测点（F4层监测系统布局图中YB9到YB11），增强后期荷载应力监测；同时，在顶板与圆弧形车道交点处，易受到车辆下行速度的冲击，拟在F1和F4层都布设2个监测点（F4层监测系统布局图中的YC1、YC2，F1层监测系统布局图中YC3、YC4）。

4）塔楼顶部水平位移监测

塔楼的水平位移与环境因素（日照、风）和施工状况有密切关系，塔楼的水平位移特别是顶部的水平位移对结构的稳定性有至关重要的作用，过大的水平位移变形会造成不利的施工荷载，同时也影响吊装精度。本方案拟采用GPS全球定位系统对塔楼顶部的水平位移进行监测。GPS 位移监测系统可提供高速、高精度实时三维监测。

案例二　湖南某隧道工程在线监测方案

1.项目概述

该隧道为分离式隧道，隧道最大埋深约432.5m，长4125m，属低中山地地貌，地形有一定的起伏。

2.隧道监测示意图

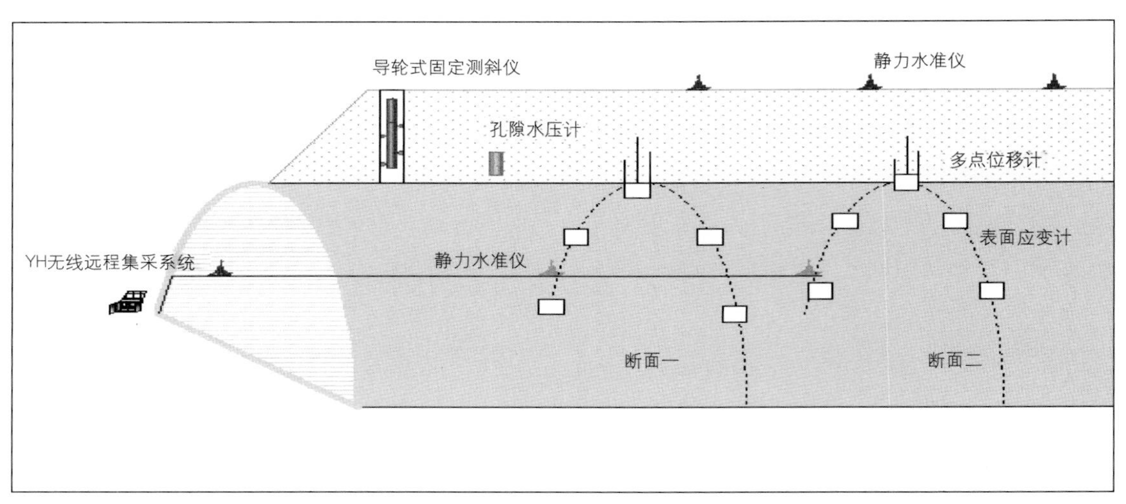

隧道监测示意图

隧道施工监测

监测项目	监测仪器	测点布置
隧道沉降监测	静力水准仪	布置在隧道中线每30m布置一个点
隧道收敛监测	收敛计	30m取一断面，每断面取2根基线
隧道孔隙水压监测	孔隙水压计	取地下水严重地段布设
初衬结构土体压力监测	土压力盒	取2个断面、每断面取监测点6个
地表沉降监测	静力水准仪	沿隧道中线布设监测点，每50m布置一个点

案例现场照片

案例三　某高速公路工程边坡在线监测方案

1.项目概述

该项目合同段左侧高边坡开挖后第三、四级坡面为全风化石英片岩；右侧边坡根据实际测量地面线进行开挖放样后，实际开挖坡面比原设计增加两级高度，现边坡80m，为超高边坡。

2.边坡监测示意图

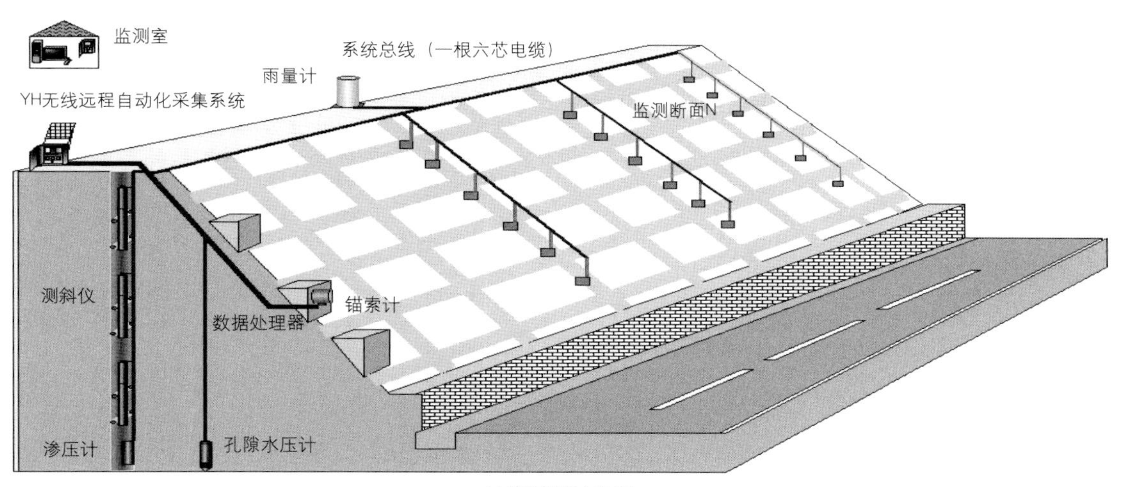

边坡监测示意图

3.边坡施工监测

边坡施工监测

监测项目	监测仪器	测点布置
边坡沉降监测	静力水准仪	在边坡顶每50m布设监测点1个
边坡位移监测	位移计	边坡高填土区
边坡孔隙水压监测	孔隙水压计	取地下水严重地段布设

案例现场照片

三、其他功能

本监测系统具有实时监测、实时汇报、多级预警等功能，同时设定不同梯度的预警线，当监测点触发预警状态时将自动报警，提醒施工监管实施部门采取相应措施，监测信息实时与各级运营管理者的移动终端同步，可随时随地查询到监测数据的变化情况，方便现场施工管理。

四、体会

历经六年对建筑业互联网+的探索，可谓是饱尝甜酸苦辣，多次因失败想放弃，又因无法割舍而振作精神重新开始。回顾起来，感触最深的有如下两点：

1.目前从业人员专业结构及知识结构造成建筑业融入互联网很困难

互联网+建筑业是不可逆转的大趋势，但我们在研发过程中发现，现在的专业人员完全没有这个准备。我们所做的常见质量安全问题在线判别及预警、施工方案数学模型进行在线复核及传感器研发，都与互联网密切相关，都需要与IT专业人员密切配合，甚至是高度融合。可我们的专业人员对互联网属于基本没有认识，我们历经的大量返工、大量的人财物和时间浪费，都是因为专业之间配合不默契造成。我们在感叹：我们的行业距离互联网思维还相距甚远。早日实现互联网和建筑业的融合，人才队伍建设是前提条件，因而我们建议，在企业人员配备要求上，建议考虑提高计算机、或信息工程或IT专业人员配置；建议培训教材内容增加信息工程实质性内容。

2.创新应该成为一种新常态，但现实的困难比预期的多

作为企业，经营本身就很不容易，再投入人财物进行创新，真有点勉为其难。但作为传统行业，不创新就会失去竞争力，企业处于两难的境地。目前创新的环境比较缺乏，建设系统研究课题没有经费，作为非常规科研单位，其他来源的经费非常困难。

建议：是否可以考虑一些激励措施，鼓励企业创新，使企业创新成为一种常态。如科技成果可以作为投标加分项，安排一定的经费等。

注：华顺建设工程质量安全预警平台正在整合升级过程中，预计年底可供业内同仁免费使用。

参考文献

《建筑施工模板安全技术规范》JGJ 162—2008
《建筑施工计算手册》
《建筑结构荷载规范》GB 50009—2001
《混凝土结构设计规范》GB50010—2002
《钢结构设计规范》GB 50017—2003
《建筑施工扣件式钢管脚手架安全技术规范》JGJ 130—2001
《建筑施工高处作业安全技术规范》
《建筑施工碗扣式脚手架安全技术规范》JGJ166—2008
《建筑地基基础设计规范》GB 50007—2002
《建筑基坑工程检测技术规范》GB 50487—2009

华顺建设工程质量安全预警系统 System

企业用户入口

注重“窗口”建设 发掘潜在效益

浙江致远建设工程咨询监理有限公司 胡志云

摘 要 项目监理部作为监理公司的派出机构，是公司在外的一个个形象“窗口”。如何充分发挥好每个“窗口”的作用，以提升企业品牌影响力，创造更多的经济效益和社会效益，是本文阐述的重点。

关键词 监理 建设 效益 经验推广

每个项目监理部作为监理公司的派出机构，是公司分布在外的一个个监理作业执行点，也是公司在外的一个个“门面”。笔者认为把每个项目监理部看作公司驻外的一个个“窗口”更为形象。而“窗口”是否亮丽，直接反映一个监理企业的整体形象和管理水平。因此，如何搞好项目监理部建设，充分发挥好项目监理部的“窗口”作用，显得十分重要。

一、专业水准是“窗口”建设的基础

监理队伍的专业水平（理论知识和实践经验）主要体现在监理的实际技术水平。监理作为业主工程质量管理的委托方，如果监理人员技术水平差，不能及时在施工过程中发现质量问题或虽发现问题但不能提出改进方案和具体的补救措施，那就是无能的表现，作为业主方来说就一百个不放心了。而对那些素质较差的施工单位来说遇上这样的监理是求之不得。最终势必给工程质量留下严重后患，给业主和己方造成重大损失。因此，监理单位在聘用人才时，应严格把好人才录用第一关，严格按录用程序录用人才，并跟踪其在试用期期间的技术发挥和综合素质，根据表现和考核情况决定是否继续使用。而现实是，很多监理企业在人员录用后，由于人员分散、管理距离较长，对员工的管理往往较为松懈，试用期过后往往100%留用，没有体现“试用期”的真正意义。

现如今，工程监理人才流动频繁，一方面给监理单位挑选好的监理人才提供了便利，另一方面也给监理单位高素质人才的流失撕开了一个缺口。那么，如何才能选好人才、留住人才呢?

1.选好人才。现在聘用人才的渠道很广，有人才招聘会、网络招聘、上门求聘、老员工推荐等途径。从监理行业的人才招聘实际情况看，招聘已由广告、出门招聘逐渐向慕名而来和老员工推荐的上门求聘为主要渠道的方式转变，这与企业的品牌效应和良好的用人机制息息相关。

首先，在招聘人才时，要科学看待“本本”。因为，从实践经验看，有“本本”而无水平的不乏其人。在当前监理行业的取费较低、从业人员的待遇仍然处在一个较低水平的情况下，片面追求高学历、高水平人才很不现实。如果把那些曾在施工单位施工一线工作多年、实践经验丰富、事业心和责任心强，但学历相对较低（高中、中专）的人员作为监理队伍的重要聘用对象，不失为一条好途径。因为，这批人才较为实用和稳定，而且进入监理角色的时间快，是企业的中坚力量。其二，有针对性地高薪聘用一定数量的高素质的人才，为企业发展留足后劲。其三，注重对应届毕业生的培养，给企业注入一股充满活力的新鲜血液。在对应届毕业生的培养中，首先是让他们树立正确的人生观和价值观，保持饱满的精神状态，其次是通过“师傅带徒弟”的方式，让他们在项目现场摸爬滚打，逐步掌握扎实的专业基础知识。

2.留住人才。有些企业为了留住人才，采用的方式是急需人才时，片面增加待遇，实在留不住就会采取扣压证件的方式强行留人；而当业务不足、人员富余时，就一厢情愿地停发工资或辞退员工。这种方式，一方面既不合情又不合法，另一方面又是拦在自家门口的一块绊脚石——使求聘者有门不敢进。要留住人才，笔者认为应在以下几个方面着手。首先，管理者要言行一致，诚信为本。对员工的承诺要及时兑现，在制度和现实生活中关心、体贴员工。二是人尽其才。把员工安排到更能发挥员工才华的地方去，让员工有多少付出就有多少收获，使员工不断进取，不断提高业务水平，实现自身人生价值。三是严进宽出。在聘用人才时必须通过面试和笔试（试题要切合实际，要有操作性，并且不断更新试题库，以免泄漏而影响笔试效果）两道程序，并根据不同对象给予一定的试用期，试用期内达到公司要求的才能正式录用。而当员工因各种原因要求辞职时，只要其把工作移交完毕，公司一律予以绿灯放行，并且把员工在职时的应得收入（年终奖、二次分配等），一定主动联系到本人予以兑现。四是培养“一专多能”的复合型人才，提高其上岗机率，提高人才利用率。五是推行待岗机制，把从竣工项目撤回而暂时无岗位安排的人员实行待岗，进入公司人才储备库。期间，对这些人员进行休整、培训，到优秀项目监理部观摩，并给予相对优厚待岗工资。六是大胆“革除”不合格人才，预防“流毒”泛滥成灾。若有因人才紧缺而勉强留用庸才的思想，只能是适得其反，整个团队将会失去战斗力。七是积极推进企业文化建设，努力营造良好的团队氛围，培养员工在本企业就职的自豪感。

二、项目总监理工程师是“窗口”形象的组织者

总监理工程师是由监理单位法人代表任命，并书面授权，按合同项目设立的实施行政的关键角色。其对外代表监理单位，对内负责项目机构的现场日常管理。总监理工程师根据工程建设委托监理合同赋予的监理职责，履行合同约定的义务，执行国家有关工程建设的法律、法规、规范和标准，是

项目机构的直接组织者和指挥者。

鉴于总监理工程师职能的重要性，一个监理项目部是否能“公正科学，严格监理”，树立良好的“窗口”形象，关键在总监。因此，在日常工作中，总监应在项目部各专业监理人员中起领头和榜样作用。与此同时，总监要有较强的感染力，能用无形的力量带领监理人员自觉努力地为业主提供优质服务，出色完成委托的监理任务。还有一条非常关键的是总监要有较强的沟通协调能力。总监要善于处理解决各方面的矛盾，协调处理好内部和业主方及施工方的关系，使全项目各机构各专业人员在行动、步调上基本保持一致，保证全项目机构的活动在进度、数量、质量、安全上协调和统一。施工单位素质良莠不齐，会对监理的管理提出截然不同的要求。高素质的施工企业，由于项目经理素质也相对较好，质量安全意识较强，加之施工企业内部管理较为系统，对监理提出的整改意见容易接受和消化，工作开展起来也较为顺畅。但那些素质较差的施工单位，特别是碰到那些初入建筑行业、想一夜暴富的“老板”，监理工作难度就大了。如何解好这道“难题”？——考验总监综合能力的时候到了。如果一味追求规范管理，会引起施工单位“发毛”，工作难以开展；如果一味放任，工程质量又得不到保障，监理失职。如何把握好管理尺度，既保证质量，又使施工单位“听话”，其中业主起着很大的作用，因此，监理必须争取业主的支持。当然，也不能忽视主管部门的作用。

一个项目监理部工作的成败，将影响着该监理单位在该区域的声誉。因此，总监的责任重大，任重而道远。总监的领导能力是科学和艺术的综合体现，作为“窗口”的形象代言人，不断提高自身综合能力非常重要；作为监理企业，就有责任加强对总监的培养、使用、监督、提高等环节的管理。

三、诚信服务是“窗口”形象的生命线

任何工作都离不开检查和监督，如果失去了监督，再优质的服务由于一时的松动也会没有生命力。企业内部的监理巡检工作除了监理工作质量巡检、安全生产质量巡检外，还有非常重要的一项工作就是业主满意度调查。笔者认为，监理工作和业主满意度是一对孪生兄弟，是相辅相成的一对矛盾。监理工作的好坏是业主满意度评价的依据，而业主满意度的考评，又是促进监理工作质量提高的强大动力，更是树立“窗口”形象的重要途径。这里举一例子：甲公司与乙公司共同承担某大项目的工程监理任务，当甲公司巡检人员前往现场巡查和向业主进行回访时，业主代表的第一句话就是：“你们公司来只有赞赏，没有任何意见。而乙监理公司来巡查的话我们的意见就大了，可他们公司从来没有派人向我们回访过，我们没处讲。”短短几句开场白使甲公司巡检人员感到十分欣慰。与此同时，巡检人员更多的是对现场监理人员和总监的感激：你们出门在外，无私的付出和辛勤的劳动，为公司换回的是无价之宝！这说明在这个项目部，诚

东阳海天大酒店—鲁班奖工程

信服务的种子已经在全体项目监理人员中开花，在业主的心目中结了果。业主反映，乙监理公司现场监理人员只有合同约定人数的70%，而且经常不到位。而甲公司即使在一段时间因特殊原因工程处于半停工状态时，监理人员也能坚持按时、全员到位，为他们出主意，想办法，同时还义务为他们维护项目现场安全。业主还反映，在监理工作中，乙公司的监理人员都采用关键部位抽查的方式进行检查，他们很不放心。而甲公司的监理人员就是讲诚信，讲职业道德，检查时始终把图纸带到现场，就连每根钢筋都要检查一遍。虽然业主的表达有些夸张，但这是业主发自肺腑的赞叹，是对甲公司监理工作的充分肯定，这就是诚信换来的回报，它给甲公司“窗口”的亮丽描上了重重的一笔。在后来的交谈中，业主表示其二期工程无条件由甲公司监理——这就是“好窗口”这无形资产派生出来的“效益”。

四、科学的制度是“窗口”形象建设的保证

“窗口”当然要建设，但没有了业务，“窗口”何从谈起？科学合理、灵活机动的总监责任制是调动广大总监协助公司承揽业务的重要保证。

当前，一方面受宏观调控影响，工程建设项目明显减少，另一方面由于前几年监理行业的迅猛发展，不同资质的监理单位为数众多。因此，监理形势不容乐观。监理行业内部又竞争激烈，挂靠经营、压价无序竞争现象司空见惯。针对这一形势特点，要在如此激烈的市场竞争中稳住脚跟，制度建设就显得尤为重要。总监责任制作为广泛推广的一项制度，也必须随着形势的发展进行调整。因此，要让广大总监树立“监理一项工程，树立一座丰碑，开拓一方市场”的经营理念，服务好区内市场，瞄准并扩展区外市场，把潜在客户变成永久客户，向市场要效益，把“项目部”这个“窗口”做大做强。而具有较强激励性的总监责任制，是让总监树立良好经营理念的关键。让总监觉得在企业就职有奔头，有成就感，才能更好地去为广大业主提供更优质的服务，才能维护好“窗口”形象，给公司带来更多的客户，继而大大增强公司核心竞争力，给公司带来明天更丰厚的经济和社会效益。

在这里，总监责任制的制订过程，应该是公司与总监“互动、互惠、互相关联”的过程，公司不能搞一厢情愿，不能用“以上压下”的方式操作。可以采用总监会、向总监问卷和向外借鉴可行经验等方式来制定。同时，区别公建项目、房地产开发项目、大项目、小项目等分配政策，在分配项目时，决不能有“面孔”、“关系户”等观念，更不能富了小部分，饿着一大片。既要根据总监能力表现拉开差距，又要保持总监之间收益的相对平衡。因为，这里还关联着一个企业人才可持续发展的问题。否则，总监会有消极心理，工作做不好，人才又要流失，负面影响很大，企业损失更大。因此，总监责任制的制订要慎重、科学、不断改进，使其真正发挥好要有的作用。

结束语

公司与项目监理部的关系既是“房子”和“窗口”的关系，又是“根”和“绿叶”的关系。根深才有绿叶茂盛，而茂盛的绿叶又将会给粗壮的树根送来源源不断的营养——效益。项目监理部这一“窗口”工程建设的重要性就在这里。

参考文献

钱春洪.对房屋建筑工程监理工作相关问题的分析［J］.经营管理者，2010（4）.
徐军.智能建筑工程监理的问题及建议［J］.中国新技术新产品，2011（13）.

贯彻落实总监理工程师负责制
确实发挥好总监沟通协调作用

运城市金苑工程监理有限公司　彭红霞

住建部及山西省建设厅印发《工程质量治理两年行动工作方案》，行动方案的宣贯与实施，对进一步规范建筑市场秩序，促进建筑产业现代化快速发展，提升工程质量总体水平具有很好的规范和促进作用。行动方案中对工程项目的总监赋予的责任更加明确，肩负任务也更加艰巨沉甸。根据质量治理行动方案有关要求，项目总监理工程师在工作中必须要更加认真履职尽责，充分发挥监理在施工现场的"三控、两管、一协调"并履行安全生产管理的监理职责，为工程项目建设圆满竣工把好关、尽好责。

如何将总监负责制落实好，发挥好总监的作用，与参建各方搞好各方面的协调，处理好工作关系，将工程项目监理督导到位，并领导好项目监理部"一班人"，每一位总监都有各自的心得体会和办法。其中灵活运用好沟通协调方法对总监来说有极其重要的作用，是总监履行负责制、开展本职工作的重要工具。

一、尊重业主，讲究沟通艺术，以良好的素质赢得业主的信任与支持

如何与业主相处打交道，我认为首先处理事情要沉着冷静，不能遇事火气上升，针尖对麦芒。如果与业主负责人因为处理问题有分歧意见而当面争得面红耳赤，非得分出个子丑寅卯，这样于公于私都不好，无形中不利于下一步工作开展。2013年我负责的一个监理项目，业主负责人对工作要求非常严格，而且是事必躬亲，很是挑剔，脾气也不太好，经常爱发火。往往工程方面很小的一点事，现场监理人员与施工单位协调一下问题就可以解决，但是他知道后马上就给总监打电话进行询问，说话难听、口气刻薄。这种情况下。我心里也是很生气，很想与他"理论理论"、辩解一番，但想到我们监理单位是为建设方服务的，有责任、有义务解决监理过程中的任何问题，不能因工作矛盾而与业主负责人发生不愉快，因此我见到业主负责人时

以平和心态予以耐心解释和交流，妥善及时沟通，当面把事情讲清楚，避免了无谓的误解和争吵。由于我协调工作到位，沉着冷静，办事包容和气，以良好的素质和气度赢得了业主负责人的认可和好感，如今这位业主负责人与我打交道时说话语气也变得温和，工作关系相处也比较融洽。

二、公平监理，以理服人，与施工方既保持距离，又要维护良好的配合与监督关系

实践中与施工单位的沟通协调主要是在施工阶段，此时总监现场协调工作量也最大。如我正在负责的运城人行发行库改扩建项目，建筑面积不足4000m^2，施工场地狭小，施工面不好展开，因为客观条件限制，施工单位不想过多投入施工力量，致使施工进度滞后，安全文明方面也做不到位。业主对此很不满意。此时沟通协调工作就显得十分关键。我与施工单位项目经理进行了沟通，分析施工进度滞后带来的一系列后果，说明虽然施工力量投入少了，但管理人员和机械设备投入不会少，整个经济投入不会少，同时还会带来负面影响。经过沟通，施工单位加大了施工力量，把滞后的进度赶了上来，在安全文明方面也整改到位了。我的工作得到了各方的认可。

三、诚信包容，礼敬三分，监理项目部内部关系和谐融洽，充分发挥监理“一班人”团队合作精神

项目总监是项目监理部的领导者，如何调动项目监理部每个人的积极性和大家的潜能，使团队具有坚强的战斗力，这对总监来说是一个重要工作内容。在我们团队中，有一位监理工程师一段时间上班时精神状态不佳，我发现后，单独与他谈，拉家常，原来家里有人生病了。知道这件事后，我带领项目部人员去这位同事家里慰问，同时这段时间减少他的工作量。过后这位监理工程师恢复工作状态，项目部其他人员工作积极性也得到提高。实践证明，项目总监不注重团队意识，不善于发挥团队精神,不能及时了解掌握每一名同志的困难和想法，并及时沟通协调解决，尽管自己成天不辞辛苦、埋头苦干、大事小事一肩挑，同样会工作搞不好，同时还会成为孤家寡人，唱独角戏。

综上所述，在实践中需要沟通协调的工作有时候是相互渗透、复杂、多变的，总监应根据现场实际情况灵活运用，无论采用什么方法，对总监提出的要求是必须了解和掌握现场的实际情况，对有一定预见性的事件能够及时提醒参建各方，实施事前控制，尽可能为工程多出谋献策，解决实际问题，使参建各方对总监的信服度增强，这样既便于总监做好协调工作，也有利于建设监理目标如期完成。

《中国建设监理与咨询》第一次通联会在苏州召开

2015年4月23日，中国建设监理协会、《中国建设监理与咨询》编辑部在江苏省苏州市召开了《中国建设监理与咨询》第一次通联会，共有来自地方、行业协会推荐的通讯员及编委会委员70余人参加了会议，此次会议得到苏州市工程监理协会的大力支持。会议由中国建设监理协会副秘书长、《中国建设监理与咨询》编委会副主任温健主持。江苏省建设监理协会秘书长朱丰林、副秘书长陈贵到会并致辞。

会上，中国建设监理协会副会长兼秘书长、《中国建设监理与咨询》编委会执行副主任修璐通报了《中国建设监理与咨询》的出版、发行情况，布置了下一步工作任务。温健副秘书长对《编委会管理办法》和《通讯员管理办法》进行了简要介绍。随后与会领导向到会的通讯员颁发了聘书。与会代表就如何办好《中国建设监理与咨询》展开了热烈讨论。中国建设监理协会副会长、《中国建设监理与咨询》编委会副主任王学军作总结发言。

会后，编委会召开了第二次编委工作会议，对编委工作内容进行了更加明确的分工。

中国建设监理协会副会长兼秘书长　修璐

中国建设监理协会副会长　王学军

主席台

会场

在《中国建设监理与咨询》第一次通联会上的讲话

中国建设监理协会副会长兼秘书长　修璐

在党的十八届三中全会提出全面深化行政体制改革和十八届四届全会明确部署依法治国、依法执政的精神指导下，在全面落实住房城乡建设部工程质量治理两年行动方案行动中，深化建设监理制度改革，充分发挥市场在资源配置中的决定性作用，加强监理行业自律管理制度建设，已经成为新时期建设监理行业发展的历史必然和新常态。这是中国建设事业管理制度改革的一个重要组成部分。为了适应深化改革和行业发展需要，加强行业宣传和信息交流力度，树立和提升行业社会形象，应广大企业和会员的强烈要求，经过中国建设监理协会长期认真的策划与准备，在总结、继承和发展原《中国建设监理》内部刊物的有益办刊经验基础上，《中国建设监理与咨询》连续出版物应运而生，担负着推动行业发展与进步的历史使命，与读者正式见面了。这是行业与协会发展进入新时期的重要标志之一。

《中国建设监理与咨询》将担负起行业权威信息报道窗口的作用。在这里，读者将最快地获得与掌握有关行业最新的政府政策、文件，全国和地方行业协会发展动态与活动，国家新颁布的法律、法规和国内外新颁布的技术标准规范，注册执业人员考试、注册与执业道德，以及国际行业发展、活动与交流信息。

《中国建设监理与咨询》将搭建起行业、企业发展交流与咨询的平台。在这里，将为企业就发展创新、取得的经验、遇到的问题，提供发声和反映诉求的可能与场所。在这里，企业可以交流在市场经营中取得的成功经验和案例，寻找企业发展遇到的热点、难点问题解决的思路，交流技术进步具体做法与措施，同时解答企业发展中遇到的法律问题，提供法律咨询与援助。

《中国建设监理与咨询》将发挥行业发展的引导作用，充分办好行业发展论坛。在这里，政府部门领导，行业协会领导、学者专家，企业老总，总监理工程师等将就建设监理政策、法规、理论、实践、技术及执业道德等行业发展相关问题发表观点和意见，各抒己见，这里将会产生激烈的思想碰撞，读者将从讨论中获得有益的收获。

《中国建设监理与咨询》将承担起行业发展正能量宣传的历史作用。在这里，弘扬建设监理行业与企业正能量，提升行业社会形象将成为宣传报道的重要内容。我们将宣传报道行业评选出的先进企业、优秀总监理工程师和专项监理工程师、优秀管理人员的信息与先进事迹，宣传报道企业文化与诚信体系建设。

《中国建设监理与咨询》一定会不辜负全体同仁对监理行业的热爱与对监理行业发展的期望，建设好政府与企业，行业与企业，企业与企业之间交流的桥梁，努力做好工作，推动行业进步与发展。我们相信，在大家的共同努力下，《中国建设监理与咨询》一定会不辱使命，越办越好。

一、现阶段《中国建设监理与咨询》的相关情况

1.成立编委会

为了办好《中国建设监理与咨询》，实现协会刊物来源于行业、服务于行业、行业刊物行业办的理念，在组织结构建设上，中国建设监理协会成立了《中国建设监理与咨询》编委会，编委会是

《中国建设监理与咨询》编辑出版工作的指导机构，对编辑出版工作起指导、监督和咨询作用。

编委会委员主要从各地方及行业协会、监理企业、高等院校、出版社等单位中聘请若干具有较高水平的专家、教授担任。编委会设有主任、执行副主任、副主任、编委，目前编委会由28人组成，已经召开编委会成立大会和第一次全体编委工作会议，制定了编委会管理办法，明确了工作分工和工作职责。

2.建立通讯员队伍

为了夯实《中国建设监理与咨询》基础，扩大稿件来源和信息渠道，拓宽报道领域，保证信息来源的及时性和准确性，全面反映行业、企业发展诉求，中国建设监理协会建立了《中国建设监理与咨询》通讯员队伍，经地方和行业协会推荐，中国建设监理协会批准，一批热爱宣传报道工作、富有责任心和创新精神的优秀人才，成为了首届《中国建设监理与咨询》通讯员。今天我们在这里召开隆重的通讯员联谊会成立大会，正式聘请大家为首届通讯员。建立一支高素质、高效率、高水平的通讯员队伍是办好《中国建设监理与咨询》的基本保障，希望大家提供和撰写的稿件要具有正能量，推广先进管理理念与技术，报道先进人物，内容要真实、客观，时效性强，所用资料可靠，数据准确，文章水平和可读性高。希望大家积极宣传、推荐，建立和发挥《中国建设监理与咨询》与企业之间沟通协作的桥梁作用。

3.出版发行情况

《中国建设监理与咨询》已于2014年10月正式出版，目前发行了三期。《中国建设监理与咨询》自2014年底开始征订，2015年正式发行，双月出版，全年6期，总定价210元。目前，《中国建设监理与咨询》每期印刷约5000册，各地的建筑书店也有销售。

二、需要加强和改进的方面

1.要进一步加强宣传工作，扩大发行面。根据2014年印发的《2013年建设工程监理统计资料汇编》，2013年共有6820家监理企业参加了统计，2013年年末工程监理企业从业人员为890620人。从这两项数据可以看出，《中国建设监理与咨询》的发展空间应该是很大的。

2.在《中国建设监理与咨询》的改版创刊过程中，各地方协会、行业协会、分会给予了大力支持，很多协会利用会议、各自的刊物对《中国建设监理与咨询》进行了宣传。山西省、江苏省、北京市、深圳市等协会分别征订了上百套，赠送给自己的会员企业。今后我们仍要继续利用好协会工作这个平台，充分调动各地协会、行业协会、分会等的积极性，通过共同努力，进一步扩大《中国建设监理与咨询》在监理行业中的影响力，力争办得更好。

3.进一步提高质量，以质量促发展。刊物的生命力源自内容，源于高质量的文章。为此，我们要更好地发挥编委、通讯员的作用，调动大家的积极性，使稿件来源得到保障。同时我们要充分利用协会召开的各类研讨会、经验交流会等为《中国建设监理与咨询》提供稿件。此外，协会的各类课题研究、协会成立的监理行业专家委员会也都能发挥很大的作用。我们要充分发挥这一优势。

三、下一阶段的工作安排

1.编委除按照《编委会管理办法》的要求，以及分工开展工作外，还要撰写或组织推荐高质量的稿件。

2.通讯员要按照《通讯员管理办法》的要求，积极为《中国建设监理与咨询》采写和报送稿件，或推荐本地区协会、行业协会、分会工作动态、经验总结、工作探讨、理论研究以及监理企业在开展监理工作实践过程中产生的新举措、新经验、新成果、先进人物事迹等稿件。

以上，是《中国建设监理与咨询》自筹备、创刊以来的工作情况及对今后工作的要求，希望各位编委、通讯员能够齐心协力，为办好《中国建设监理与咨询》，推动监理事业的发展作出贡献。

在《中国建设监理与咨询》第一次通联会上的总结讲话

中国建设监理协会副会长　王学军

各位副会长、各位编委、同志们：

今天我们召开《中国建设监理与咨询》正式出版以来的第一次通联会，目的是通过会议，增强大家对办好《中国建设监理与咨询》的认识和信心，发挥大家的智慧和力量，共同为建设监理事业做好宣传，促进中国的建设监理事业健康发展。《中国建设监理与咨询》是中国建设监理协会与中国建筑工业出版社合作公开发行的正式出版物，其前身是创办于2003年的《中国建设监理》，十几年来刊登了大量行业内优秀论文，记录了监理行业的发展动态。为了促进建设事业管理制度改革和适应行业发展需求，加强行业宣传和信息交流，树立和提升行业社会形象，应广大企业和会员的要求，于2014年10月进行了改版，改版后的《中国建设监理与咨询》更适应行业未来发展需要，能更好地服务于政府、企业与执业人员，创建与行业发展需要相适应的宣传平台。改版后的《中国建设监理与咨询》在形式、内容、可读性及发行方式上都有了很大的变化。反映比较好，发行数量比预期要好，这些成绩的取得，离不开各地方协会、行业协会、专业委员会和在座的各位以及没有与会的许多同志的大力支持。在此，我代表中国建设监理协会向热情关心、支持和积极参与《中国建设监理与咨询》工作的同志们表示衷心的感谢！会上，各位编委、通讯员就进一步办好《中国建设监理与咨询》提出了很好的建议，比如搞好专题策划，丰富内容，寓教于乐，围绕热点开设专栏，宣传监理法规等。我们会认真研究，并制订具体的措施。下面我讲几点意见：

一、增强办好《中国建设监理与咨询》的责任感和使命感

目前，《中国建设监理与咨询》有编委会成员28人，61位通讯员。今天在会议上颁发了通讯员证书。所有的编委会、通讯员是我们办好《中国建设监理与咨询》的基础，这不仅仅是光荣，同时也是责任。会上印发的《编委会管理办法》、《通讯员管理办法》中明确了职责，要认真履行。充分认识《中国建设监理与咨询》在宣传我国的建设监理制度，促进建设事业发展中的重要性，增强做好编委、通讯员工作的责任感、自觉性和主动性，这是办好《中国建设监理与咨询》的基础和前提。希望同志们能够认真担负起这份责任。通过我们的工作，大力宣传工程监理行业取得的丰硕成果，树立监理行业的正面典型，赢得社会的认可和支持。同时，激发行业的责任感、使命感和荣誉感，引导监理企业和从业人员认真履行职责，促进监理事业健康发展。

二、明确职责任务，提高宣传水平

1.要明确职责任务

一是《中国建设监理与咨询》编辑部要承担起约稿、组稿、编辑、征订发行和通联工作，以及中监协重要工作的稿件采编等工作。

二是编委、通讯员负责在各自所在的区域、系统及单位做好稿件的组织、协调工作。编委会成员要按照工作分工，参与专题的确定及审稿工作。

通讯员要积极为《中国建设监理与咨询》采写和报送本区域、系统和单位工作动态、图片、经验总结、工作探讨、理论研究、先进事迹报道等稿件。我们的编委、通讯员来自不同的单位，工作侧重点各有不同，其中有些同志还是监理行业专家委员会的成员，大家可以依托各自的优势亲自撰写或组织稿件，及时反映所在地区、系统和单位在开展监理工作的研究和实际过程中产生的新举措、新经验、新成果。例如，今年3月召开的全国监理协会秘书长工作会议上，北京市、山西省、湖南省、江苏省建设监理协会分别介绍了各有特色的做法和经验，收到了相互借鉴的效果。

2.要抓住宣传重点

一是围绕贯彻党的十八大和十八届三中、四中全会精神，围绕住房城乡建设部的总体工作要求进行宣传。要突出对落实工程质量治理两年行动方案的宣传；宣传行业协会“提供服务、反映诉求、规范行为”的好做法和加强队伍建设，积极应对监理行业面临的机遇与挑战，配合推动工程监理制度改革，强化行业自律，促进工程监理事业科学发展等方面的做法，宣传企业加强队伍建设，提升管理能力，落实监理职责，提升工程监理水平和提高监理科技含量的成果。

二是围绕监理行业在依法履职过程中的好做法、好经验以及在国家经济建设中所产生的重大成效进行宣传，以充分展示工程监理制度的重要性。

三是围绕监理行业先进人物事迹进行宣传。要选择那些严格履行监理职责以及在各自岗位上作出突出贡献的代表予以大力宣传，可采用人物专访、通讯等形式，来展现行业优秀人物风采、宣传行业的成绩，塑造行业形象。赢得社会各界对建设监理的理解和支持。激发行业的责任感、使命感和荣誉感，激发监理从业人员爱岗敬业、积极工作的热情，从而推动监理事业的发展。四是围绕加强监理行业理论研究进行宣传。针对当前监理行业面临的热点和难点问题进行深入研究，分析产生的原因，提出解决的办法。五是围绕行业发展进行宣传。宣传探索监理企业新型服务方式，宣传推广先进经验，推进监理工作信息化建设和技术创新，促进提高监理科技含量和服务质量。

3.要把握基本原则

要以高度的政治责任感来从事宣传工作，坚持正确的政治方向，遵守宣传工作规矩，引导监理企业健康发展。

三、健全制度，不断提高办刊工作水平

一是建立与编委、通讯员定期工作联系制度。今后每年召开一次通联工作会议，通报情况，交流工作，表扬先进，解决问题，推进工作。编委会工作会议视工作需要召开。

二是建立考核奖励机制，鼓励投稿、组稿，同时提高稿件、信息报送质量。对于被采用的稿件支付稿酬，优秀文稿在召开通联会时给予奖励。每年对通讯员来稿、稿件采用情况进行统计、考核，按照《通讯员管理办法》的有关要求进行管理，对于达不到要求的进行调整。每两年对编委的来稿、稿件采用情况、参与编委会工作的情况，按照《编委会管理办法》进行考核，对于达不到要求的进行调整。

同志们，《中国建设监理与咨询》在监理行业宣传中非常重要，我们的任务神圣而艰巨，让我们携手为促进建设监理事业的发展而共同努力！

“建设单位”研究与工程建设监管改革思考

江苏省建设监理协会 顾小鹏

摘 要 建设单位处在工程建设的核心地位，但受长期计划经济传统体制的影响一直未得到充分重视。本文从市场经济环境下建设单位的属性及在工程建设行政法规体系下的法律地位分析入手，剖析我国工程建设行政监管体系在构建与执行方面存在的问题，并提出改革工程建设行政监管体系的思考。

关键词 建设单位 工程建设管理 行政监管 体制改革

建设单位是我国工程建设领域的重要主体，但长期以来由于计划经济、政企不分等传统体制的影响，建设单位在工程建设中的重要性及其核心地位未得到充分重视，与建设单位相关的法规与制度建设和理论研究都较为薄弱。

本文试从建设单位的属性及在工程建设行政法规体系下的法律地位分析入手，剖析我国工程建设行政监管体系在构建与执行方面存在的缺陷，并提出改革工程建设行政监管体系的思考。

一、“建设单位”概念与属性

1.称谓

在工程建设领域，“建设单位”及与其含义相近的称谓罗列如下。

“建设单位”（construction unit）：是我国工程建设管理体制下对项目建设方的正式称谓，《建筑法》及建设领域相关法规均沿用此称谓。

“业主”（owner）：其本义是所有者、客户或委托人，强调对建设项目的所有权。在工程建设领域，“业主”一词见诸国家正式文件是1992年原国家计委文件《〈关于建设项目实行业主责任制的暂行规定〉计建设[1992]2006号》。业主这一称谓的引入，体现了我国投资主体由单一的国有向多元化的变化过程。

“项目法人”（project entity）：原国家计委1996年《印发〈关于实行建设项目法人责任制的暂行规定〉的通知（计建设[1996]673号）》规定：国有单位经营性基本建设大中型项目在建设阶段必须组建项目法人。由项目法人对项目的策划、资金筹措、建设实施、生产经营、偿还债和资产的保值增值，实行全过程负责。

“招标人”（tenderer）：在招标投标过程中使用，是工程或采购招标的主体，相对方是“投标人”（bidder/tenderer）。

“发包人”（employer）：在工程承包合同中使用，相对方是“承包人”（contractor）。

“甲方”（party A）：合同中对发包方或采购方的惯用称谓，是对建设单位的传统习惯称呼，已逐步被上述其他称呼（如发包人等）取代，但在一些非标准合同文本中仍被采用，其相对方是“乙方”（party B）。

“委托人”（client）：在招标代理、监理、造价咨询等咨询服务类委托合同中使用，相对方为“受托人、监理人、代理人”（consultant）等。

上述称谓中除“建设单位”外，“业主”和“项目法人”强调的是其代表国家行使投资人职责与权利的属性；其他各项称谓分别强调其在不同的合同类型或项目实施阶段的建设方角色，突出的是其合同民事主体的属性。在我国工程建设行政管理相关法规体系中，统一使用“建设单位”的称谓，强调的是其工程建设行政管理体制中建设行政管理相对人的属性。

需要指出的是，“建设单位”与建设项目的投资者以及项目建成后的所有者和使用者是有区别的，他们可以是同一个主体，也可能是不同的主体。说某一主体是“建设单位”，仅仅表明这一主体在工程建设过程中承担并履行工程建设相关法规规定的建设单位的职责和社会义务，并以建设单位的身份接受建设行政部门的监管。

2.定义

鉴于上一节所作的分析，本文对“建设单位”定义为：建设单位是工程建设项目的建设主体，是工程建设项目社会责任的承担者，是接受建设行政部门监管、履行工程建设行政法规中建设方的法律义务的行政相对人。

根据我国相关法规，建设单位是建筑市场主体之一，也是建设工程质量与安全生产责任主体之一。

我国工程建设行政法律调整的领域是工程建设领域，因而根据上述定义，本文所讨论的“建设单位”只存在于项目建设过程中，其生命产生于建设项目立项之日，结束于建设项目竣工验收备案完成之时。建设项目立项之前，建设单位尚未产生，主导立项工作的是投资者；建设项目竣工验收并完成竣工备案手续后，建设单位身份即告结束，主导项目运行的是运营管理者。

3.在工程建设中的地位与属性

首先，建设单位是工程建设项目的发起者，项目建设成果的拥有者和项目建设风险的承担者，对项目建设的成败向投资方承担最终责任。

其次，建设单位是工程建设项目的建设主体、建设项目的社会责任的承担者，建设项目实施过程中对社会造成的所有正面和负面的影响都由建设单位承担后果。

从建设项目管理的层面上看，建设单位以承发包合同或委托合同等方式将所有项目参与单位组织到项目建设之中，形成以建设单位为核心的项目组织，因而建设单位是工程项目建设的最高组织者、核心主导者和建设项目管理的最终集成者。

从建设市场的角度看，建设单位作为发包人，是建筑市场的主体之一，必须遵守建筑市场的相关法律法规。

不可忽视的是，根据我国工程建设法规，建设单位不仅仅是工程项目的发包人，同时也是项目建设的参与者，是建设工程质量责任主体之一和建设工程安全生产责任主体之一，承担法律法规规定的建设工程质量责任、安全生产责任和环境责任。

4.与相关各方主体的关系及应承担的义务与责任

1）与政府监管部门的关系

在我国工程建设法规体系下，建设单位与代表政府的行政机关之间是行政相对人和行政主体的关系。建设单位应当依法履行遵守建设法规、服从政府部门监管的义务，一旦违反（如不依法招标、无施工许可证施工、不经竣工验收备案强行使用等），将依法承担行政法律责任。同时，政府作为社会公共利益的代表，对建设单位实施的建设项目是否对公共利益造成影响（如危及公共安全、对环境造成不利影响等）进行监督管理。

2）与工程项目其他参与方，如勘察设计、施工、监理等各方的关系

在我国工程建设法规体系下，建设单位和上述各方同为建筑市场主体和建设工程质量及安全生产责任主体，共同接受政府机关的监督管理；同时，建设单位作为合同发包方或委托方，又依据与相关单位签订的合同，与相关单位构成签约双方的平等民事合同主体关系，其中与勘察设计及施工单位间是发包人与承包人的关系，与监理单位和其他咨询单位间是委托人与受托人的关系。依据合同，建设单位享有合同赋予的权利，可依据合同行使发包人的管理权；与此同时，建设单位也必须履行合同约定的义务，如果发生违约行为（如拖欠应付款项、未及时准确提供资料和施工条件等），则须承担合同规定的违约民事责任。

3）与其他项目干系人的关系

建设单位与项目参与方之外的、与建设项目有利益干系的法人或个人（如项目相邻建筑的产权人、周边居民、附近行人等）之间，是平等的民事主体关系。建设单位依法享有其合法建设行为不受干扰的权利，同时也须履行建设工程不得侵犯他人权益的义务。如因工程建设不当导致项目干系人合法权益受损（如导致周边房屋沉降开裂、施工扰民等），则须承担法律规定的侵权民事责任。

二、建设单位行政法律地位及应承担的行政法律义务和责任

在建设行政法律关系中，建设单位是法律关系主体之一——行政相对人。

改革开放之前，工程建设投资主体单一，国家（或政府）几乎是建设项目唯一的投资主体。在传统的体制下采用工程指挥部模式管理项目建设，工程勘察设计及施工单位均在指挥部的行政领导下开展工作，代表政府的指挥部既是行政管理者又是建设方，政企不分，责任不清。因此在指挥部模式下，建设单位依附于政府，甚至与政府同体，不存在具有独立主体意义的“建设单位”。随着基本建设领域改革的深入和基建投资主体多元化的进展，国家逐步推进了以“项目法人制、招标投标制、合同管理制和工程监理制”为标志的工程建设管理体制改革，确立企业的投资主体地位和“谁投资、谁决策、谁收益、谁承担风险”的原则，建设单位（项目法人）逐渐成为真正的工程建设责任主体，而政府职能则向公共事务管理和行政监管方向转化。只有在市场经济环境下，政府建设行政主管部门和建设单位才真正成为建设行政法律关系的两个主体——行政管理人和行政相对人。

建设单位的行政法律义务是指建设行政法规规定的建设单位应当履行的法律义务，建设行政法律责任是指作为行政法律关系主体的建设单位因违反建设行政法律规范（不履行建设行政法律义务）所应承担的法律后果或应负的法律责任。

建设单位作为行政相对人，在项目实施过程中具有遵守国土、环境、文物、规划、建设、消防、人防、水利等法规规定，履行相关报审报验程序的义务；还具有遵守招标投标、施工图审查、工程施工许可、质量监督、竣工验收备案、向城建档案馆移交工程档案等建设程序的义务。

根据有关法规，作为建设工程质量和安全生产责任主体，建设单位具有履行建设工程质量责任和安全生产责任的义务。

三、当前我国工程建设管理体制下，与建设单位有关的问题与分析

我国自改革开放特别是推行基本建设投资领域的改革以来，在贯彻“投、建、管、用”四分离，落实政企分开，明确建设单位建设主体责任等方面制订了一系列法规政策，使建设单位的建设主体责任逐渐明晰，政府对建设单位的管理也逐渐规范，但仍有许多方面有待完善。

一方面，建设单位作为工程建设项目的核心主导者和最终责任承担者，与其地位与责任相比，管理和专业力量相对薄弱，难以履行其应尽的责任；另一方面，由于多年计划经济体制下形成的政府包揽一切的惯性，以及担心因重大安全事故、民工欠薪、建筑市场腐败等事件被行政问责的压力驱使，建设行政主管部门习惯于在具体项目的监管上越过建设单位直接指挥和监管施工单位、监理单位等，虽疲于奔命却事倍功半。

1.政府职能错位，过多介入项目微观管理

政府在建设领域中的监管可分为两方面的职能，其一是履行政府的公共管理职能（面向所有建设项目），其二是履行出资人的管理职能（仅面向国有投资建设项目）。一方面，政府站在社会公共事务的管理者立场，对中国境内的所有工程建设（不论资金性质与来源）都应负有监管的职责，以保护社会的公众利益不受侵害；另一方面，政府作为国家资产的管理者，对于国有资金投资建设的建设项目以出资人的身份承担业主方的管理职能。然而不论是在法规文件的制订还是在行政实践中，政府的这两方面的职能往往被混淆。根据政府职能分工，后一种职能应当由投资管理和财政等部门来履行，而前一种职能应由建设行政部门履行。

在实践中，由于政府职能不清和多年计划经济形成的大政府小社会的惯性，各级行政部门习惯于通过自我授权介入工程项目的微观管理过程。政府（包括政府委派的质监站和安监站）在具体项目上往往越过项目建设单位直接管理施工单位和监理单位，各类现场评比考核五花八门，甚至直接考核项目经理和总监理工程师的出勤时间。这种政府错位的做法弊病极多：一是打乱了工程项目的管理组织构架，多头管理使得施工单位和监理单位无所适从，导致现场管理更为混乱；二是放松了对建设单位的监管，放任一些建设单位搞阴阳合同、强行压价、拖欠工程款、不适当压工期等行为（这些正是产生质量安全事故的重要原因）；三是将项目微观管理的各种风险责任引向政府自身，有些部门忙于救火而无暇他顾，严重降低行政监管效率；四是超越职能的自我授权（不规范的红头文件导致的超权限立法）所形成的宽泛的自由裁量权，给各层次的官员提供了权力寻租的巨大空间，成为导致建设领域腐败多发的重要原因。

2.政府对建设单位的监管失位

相关法规不健全，建设行政主管部门对建设单位（项目法人）的管控缺乏有效手段，未形成完整的对建设单位的监管体系，对处于工程项目建设核心主导地位的建设单位无明确部门管理，对单位的资质管理和对项目主要负责人的执业资格管理都无实质性要求，行政监管失位。

在条块分割的行政体制下的政府投资项目中，如交通、水利、铁路等专业领域，政府公共事务管理者和政府投资项目出资人的不同角色往往被混淆，许多政府投资项目拥有不遵守建设程序的特权，长官意志取代了科学管理和规范程序，政府项目成了游离于行政监管之外的盲区。

3.项目法人责任制未健全，管理和专业力量相对薄弱

相对于国家对勘察设计、施工、监理等企业和从业人员有严格的资质管理和执业资格管理制度而言，对承担更加重要责任的建设单位及其从业人员却无任何资格要求。许多建设单位不具备全面管理建设项目所必需的技术与管理力量，无法发挥项目管理的核心作用，一方面易产生因盲目决策导致质量与安全隐患的现象，另一方面也难以实施对建设工程其他参与方的有效管理。虽然国家推行建设监理制以及政府投资项目代建制等，试图通过引入社会化专业化的中介机构弥补建设单位管理能力的不足，但因种种原因，在实际执行中多数项目的主导控制权和项目管理权仍由建设单位掌控，专业化中介服务机构并未发挥真正作用，甚至沦为替建设单位逃避监管承担责任的挡箭牌和承担质量安全事故责任的替罪羊。

4.违反工程建设程序、扰乱建筑市场的现象较多

由于利益关系（特别是开发商）和形象政绩（特别是政府投资项目）等原因，建设单位违反工程建设程序的现象较多，如违反土地、规划、施工许可、竣工备案等建设程序规定强行施工和使用等。

由于利益关系（特别是开发商）和形象政绩（特别是政府投资项目）等原因，违反招投标规定、强行压价、拖欠工程款、违反工程客观规律赶进度、乱指挥、供应不符合要求的材料设备等现象较多。

5.建设监理定位混淆导致监理制度未发挥应有作用

为解决建设单位自身项目管理能力不足的问题，引入社会化专业化的监理（项目管理），受建设单位委托，为其服务，代其履行项目管理职责，以平衡建设单位与承包商之间的专业能力落差，这是我国在20世纪80年代借鉴国际惯例引入监理制度的出发点。因此，从本质上说，监理在建设项目上所承担的工作属建设单位职责的一部分，显而易见监理在工程项目上是从属于建设单位（委托方）的。

我国推行建设监理制度20多年来，监理作用发挥得并不理想，其重要原因之一就是监理的基本定位被混淆了，监理究竟是受建设单位委托履行项目管理职责，还是所谓“公正的第三方”履行社会职责？对此相关法规政策文件相互矛盾，各级官员随意按需解读，造成社会各界对监理认识的混乱。

由于政府过多介入工程项目微观管理，为改变力不从心的局面，各级建设主管部门不断地加重监理的施工安全监管责任，一旦项目上发生施工安全事故，监理与施工受到同样严厉的行政处罚或被追究刑事责任。甚至有人提出监理应当成为建设主管部门的“辅警”，协助政府执法。不正确的政策导向，迫使监理企业为降低自身风险，将主要精力放在应付政府检查和施工安全事故防范方面，代表建设单位进行项目管理的职责自然无暇顾及，离受委托履行建设单位项目管理职责的初衷越来越远。

四、改革我国建设行政监管体系的有关思考

1.通过深化建设领域体制改革，进一步明确政府职能

认真贯彻国务院关于投资体制改革的相关要求，实行政府公共管理职能与政府履行出资人职能分开，充分发挥市场在资源配置中的基础性作用。凡是公民、法人和其他组织能够自主解决的，市场竞争机制能够调节的，行业组织或者中介机构通过自律能够解决的事项，除法律另有规定的外，行政机关不要通过行政管理去解决。

明确区分政府投资人身份和建设行政监管者身份，统一各类建设项目的监管部门和职责，政府投资项目建设方与普通项目建设单位同样必须遵守法规，服从监管。

2.对工程建设领域的法规进行梳理，优化建设行政监管体系的顶层设计

按照深化改革的总体目标，借鉴发达国家的成熟经验，从顶层制度设计的角度，对工程建设相关法规作全面的梳理。通过立法的优化与合理的制度设计，公平设置参与工程建设的各方的社会责任与合同义务，合理配置社会资源。

明确项目建设单位为承担工程项目建设社会责任的主体，建设行政部门通过对建设单位的依法监管来实现建设项目社会责任的落实，而对项目的微观管理则由建设单位负责。建设单位可通过承包合同或委托合同的签订，将其承担的社会责任以合同义务方式转移给设计、施工、监理等相关单位，同时以合同报酬方式承担相关费用。一旦建设项目对社会造成侵害，建设行政部门应依法追究建设单位的行政责任；建设单位

向社会承担责任后，可依据合同追究相关方违约责任以平衡自身受到的损害；参与工程建设的设计、施工、监理等各方则可通过各种形式的责任保险，向保险公司转移风险。通过监管体系的优化和市场机制的运行，构筑与国际接轨且符合我国国情现状的和谐、稳定、高效的工程建设管理体系。

3.落实项目法人制，真正确立建设单位在建设项目中的核心主导地位

通过完善工程建设管理体系基本构架，确立建设单位在工程建设项目中的核心地位与责任。建设方的工程管理是一项专业性极强的工作，应当由专业的人士来承担。在工程建设阶段，对建设单位的机构和人员要设定门槛，建设单位的核心管理人员的能力必须与其承担的责任相称（参考境外认可人士制度），大中型建设项目的负责人及技术负责人应当具备注册监理工程师或一级注册建造师的执业资格。此类人员可在“建设工程项目管理工程师协会”（或类似机构）注册，其执业行为纳入建设系统注册人员考核管理体系。

如建设单位不具备符合要求的人员和机构，则必须向社会招聘，或将建设单位的管理职责与权力全面委托给专业项目管理公司或监理公司。推行项目管理制度，实质是推行建设方工程管理的专业化。建设单位委托项目管理公司后，保留项目功能和概算控制等方面的决策权，将其他建设单位应当履行的职责与权利委托和授权给项目管理公司，项目管理公司依据委托合同代表建设单位履行管理责任。

实现建设单位工程管理的专业化后，政府对工程建设项目的微观管理（如工程质量、公共安全、环境影响等）应当主要通过对建设单位的管理来进行。与此同时，政府应指导并督促建设单位依据法规与合同，加强对施工、设计、监理等相关项目参与单位履行合约的管理。

4.改进建设监理制度，完善工程建设中介咨询服务体系

建设单位作为建设项目对社会承担责任的主体，是政府（社会公众利益的代表）对建设项目进行监管的主要对象。因此政府对项目的行政监管应主要是对建设单位行为的监管，两者之间是行政管理人与相对人的关系。而监理履责是否到位，应由建设单位依据委托合同对监理的履约行为进行监督，两者间是民事合约双方的关系。如政府绕过委托方建设单位过于微观地对监理在项目上的工作进行干预，无异于越俎代庖，事倍功半，其结果是本应承担项目责任的建设单位不受约束，可以无所顾忌地违规建设、违章指挥，而监理处在政府与委托方之间左右为难，无所适从，处境尴尬，无法有效发挥其专业化管理作用，也难以使建设单位满意。针对此现状，应强化政府对建设单位项目建设责任的监管，明确建设单位的项目建设责任主体地位，引导其通过合约手段督促监理履约，协助或代表建设单位履行建设主体责任，实现社会利益导向与项目利益导向的统一。

科学合理地设置监理单位和监理人员的安全责任。监理既然是受委托代表建设单位实施项目管理，则监理的安全职责就应以建设单位的安全责任为边界，不能要求监理承担建设单位职责以外的施工安全生产管理责任。应当摒弃政府对监理以行政处罚为主的管理方式，如因监理违反建设单位委托合同中的约定而导致安全事故，应由建设单位依据合约追究监理企业违约的民事责任。同时要积极开展监理执业责任保险研究，将监理执业责任承担纳入法制化市场化轨道。通过明确监理定位，解脱监理的施工安全生产管理责任，稳定监理队伍，使监理人员全身心投入项目管理服务，更好地完成建设单位委托的项目管理职责，实现监理制度的社会效益。

在明确建设单位的项目核心责任前提下，对不适当扩大的强制监理范围进行梳理，实事求是地确定必须实行强制监理的项目范围，原则上应控制在政府投资项目和使用国有资金的建设项目。对于其他项目，则主要通过对建设单位项目机构主要负责人的资格门槛调控，来引导这些项目委托项目管理或者监理。

同时，有必要清理与工程建设项目管理相关的各类企业资质和人员执业资格体系，逐步将招标代理、造价咨询、工程监理、工程咨询、工程建造等性能类同的人员执业资格整合成统一的工程项目管理类资质（执业资格），促进工程建设项目管理服务的集成化，更加有效地整合利用社会资源，由项目管理企业为建设单位提供工程项目建设全过程的集成化管理服务。

参考文献

原国家计委《关于建设项目实行业主责任制的暂行规定》（计建设[1992]2006号）.
原国家计委《印发〈关于实行建设项目法人责任制的暂行规定〉的通知》（计建设[1996]673号）.
国务院令279号《建设工程质量管理条例》.
国务院令393号《建设工程安全生产管理条例》.
江苏省建设厅.建设工程监理理论与实践之热点问题研究，2007.4.
国务院.关于投资体制改革的决定（国发[2004]20号）.

基于BIM实施的工程质量管理及上海中心监理项目实践

上海建科工程咨询有限公司　郎灏川

摘　要　如何将BIM技术应用在工程中是当下一个热门的话题。本文介绍了基于BIM实施的质量管理思路，提出材料设备管理和现场质量管理是主要的实施重点，并重点举例说明了现场质量管理的程序和数据要求。最后介绍了上海中心大厦基于BIM实施的质量管理实践。

关键词　BIM实施　工程质量管理　超高层建筑　工程监理

在BIM技术不断发展的今天，BIM的应用一直是一个热门话题。除了目前开展较多的用BIM进行优化设计和碰撞检测等应用外，如何在施工阶段通过BIM的引入起到工程管理的推动作用，将是BIM应用的又一个发展领域。本文结合在上海中心大厦全过程施工监理实践，介绍如何将工程质量管理与BIM结合，提升信息传递效率和工程监理水平，提出该技术应用于工程质量管理的一些探索思考。

一、依托BIM进行质量管理概况介绍

1.BIM辅助质量管理的概况

在工程质量管理中，我们既希望对施工总体质量概况有所了解，更要求能够关注到某个局部或分项的质量情况，从工作程序方面讲求的则是动态管理、过程控制。基于这样的特点，BIM模型能够作为一个直观有效的载体，无论是整体还是局部质量情况，都能够以特定的方式呈现在模型之上。基于这样的理念，将工程现场的质量信息记录在BIM模型之内，可以有效提高质量管理的效率。

2.基于BIM实施质量管理的优势

在工程项目中，不同的参建主体所应用和关注的质量信息各有侧重点，BIM辅助下的质量管理，能为工程参建各方提供很多的便利。

依托BIM实施质量管理的优势

应用对象	关键质量信息	BIM辅助可强化的特性
施工方	施工记录、材料信息	忠实地记录质量工作情况和具体信息
监理方	检查验收信息、问题处理信息、质量分析	准确地指出和分析具体的质量情况
业主方	质量管理总体情况	直观的了解和掌握总体质量情况
工程整体	/	整体沟通和协调效率提升

二、基于BIM实施工程质量管理实施要点

基于BIM进行质量管理，其中的重点是信息。依靠信息流转的增强，提升了质量管理的效率、力度、全面性。依托BIM传递工程质量信息则能成为各个环节之间优秀的纽带，不仅保证了质量信息的完整性，更能让信息更为准确、及时传递。

1.质量管理信息的收集与录入

1）现场采集

现场采集方面，根据现场情况的不同，可以分为不同的方式，通常基础录入方式可采用数码相机、IPAD等普通拍照方式。在现场情况复杂、质量信息量

大、涉及对象多的情况下，可配合使用全景扫描技术，并辅以视频影像。通过这两种方式的配合，可从全局和局部对现场质量情况进行准确记录。

2）质量信息录入

将现场质量信息记录之后，需将信息录入BIM模型之中，为原有模型再增加一项新的质量信息维度。质量信息中包含了质量情况、时间、具体内容、处理情况等，并加入现场采集的实时信息，形成完整质量信息，与BIM模型中特定构件进行关联。

2.BIM辅助进行质量管理的主要内容

1）材料设备质量管理

材料质量是工程质量的源头，根据法规的材料管理要求，需要由施工单位对材料的质量资料进行整理，报监理单位进行审核，并按规定进行材料送样检测。在基于BIM的质量管理中，可以由施工单位将材料管理的全过程信息进行记录，包括各项材料的合格证、质保书、原厂检测报告等信息进行录入，并与构件部位进行关联。监理单位同样可以通过BIM开展材料信息的审核工作，并将抽样进行送检的材料部位于模型中进行标注，使材料管理信息更准确、有追溯性。

2）施工过程质量管理

将BIM模型与现场实际施工情况进行对比，将相关检查信息关联到构件，有助于明确记录内容，便于统计与日后复查。隐蔽工程、分部分项工程和单位工程质量报验、审核与签认过程中的相关数据均为可结构化的BIM数据。引入BIM技术，报验申请方将相关数据输入系统后可自动生成报验申请表，应用平台上可设置相应责任者审核、签认实时短信提醒，审核后及时签认。该模式下的标准化、流程化信息录入与流转，可提高报验审核信息流转效率。

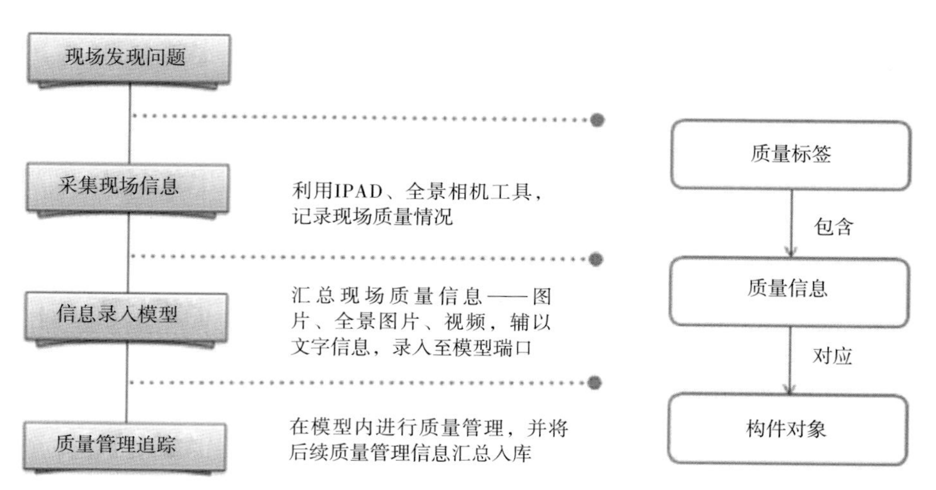

左：现场质量信息收集与录入流程　　右：BIM质量管理系统信息集成

基于BIM实施的质量管理关键流程

三、基于BIM实施的工程管理关键数据

基于BIM实施工程管理，整体的核心方式，是通过前台操作窗口将质量信息录入BIM模型中，再由模型的构件集成质量信息，最后再以独立标签的形式，反馈回前台操作窗口，在窗口中进行质量信息的浏览与管理。质量信息包括三部分：基础信息、记录信息、处理信息。

1.基础信息

基础信息即BIM模型建立之初即包含的内容，基本包括模型的三维坐标信息和模型的时间信息。根据不同项目建模的标准和要求，在详细程度方面可能有所不同。

2.质量记录信息

质量信息作为质量的情况记录，通过传统的文字叙述，表达关于质量的具体情况，并汇入BIM模型之中，成为构件的属性信息。在工程项目中，质量信息是BIM质量管理系统的核心，信息的种类划分、逻辑划分、阶段划分是管理系统的前提条件，为此，系统先行完成对工程质量管理的分类。BIM质量管理系统对质量记录信息进行分类，如原材料加工质量信息、现场施工质量信息、现场检查验收质量信息等。

主要质量信息分类

质量信息内容	关键数据要素	信息提供方
工程质量验收记录	时间、部位、质量情况	监理方
工程开工报告/报审文件	时间、部位	施工方
工程材料/设备/构配件审查文件	部位、质量情况	施工方
设计变更文件	部位、变更信息	施工方
抽查、巡视检查、旁站监督记录	部位、质量情况	监理方
工程质量事故处理文件	时间、部位、质量情况	监理方
监理指令文件	时间、部位、处理、质量情况	监理方
监理工作报告	时间、部位、质量情况	监理方

3.质量处理信息

处理信息的内容，主要分为三点：质量问题发现，质量问题处理，质量问题分析。对应这三种质量问题的处理情况，BIM管理系统中采用不同的标签对各类信息进行区别。质量处理信息充分反

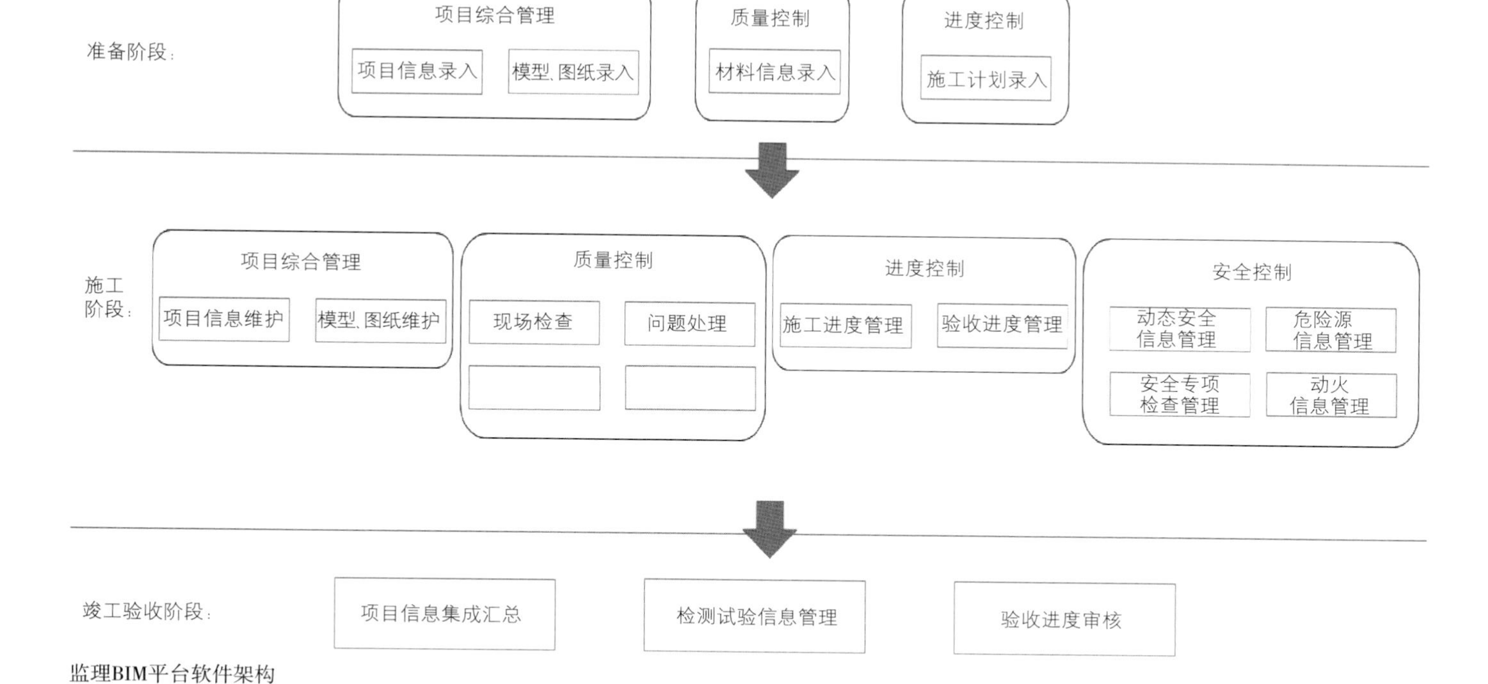

监理BIM平台软件架构

映了质量管理中动态控制的原理，可以使质量管理者通过BIM实施平台，清晰了解工程中的质量问题发生、处理、解决的状态，提升对工程项目的整体掌控能力。

四、基于BIM实施质量管理在超高层项目中的应用

在上海中心大厦的施工过程中，进行了基于BIM实施质量管理的试点应用，主要的工作策划思路及应用如下：

1.总体策划思路

选取该超高层建筑幕墙专业工程为试点，将幕墙系统工程的全过程施工质量信息录入BIM模型中，并在模型中对发现的质量关键环节进行跟踪管理。

2.信息管理平台搭建

对于监理管理平台软件，拟以监理工作职能为横向模块菜单，包括质量控制、进度控制、投资控制和安全监督以及

上海中心大厦工程管理系统界面

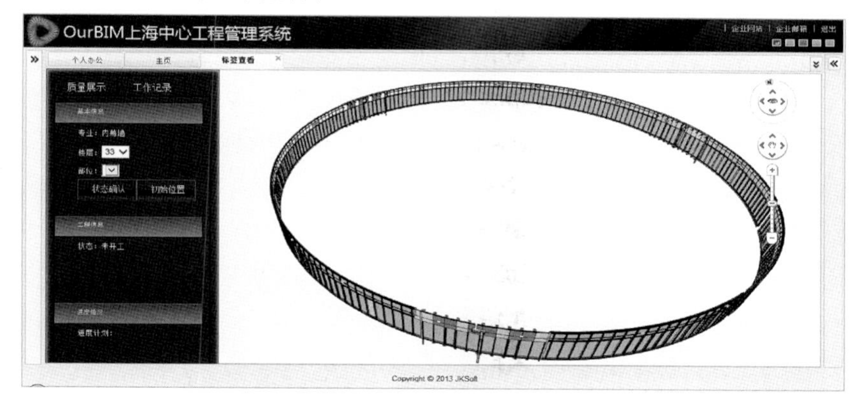

管理平台中的幕墙模型展示

工程概况等，侧向则是按工程进展阶段划分，如施工准备阶段、施工过程和竣工验收阶段等。每一个模块都以信息的流通为主线，分为信息导入、信息生成和信息输出。同时软件平台的应用维度由施工准备阶段、施工阶段以及竣工验收阶段组成。上述功能中所描述的横向模块菜单，则直接体现在软件平台的功能界面中。

3.现场质量工作开展

1）施工信息录入

在施工之前，由施工方在施工计划中提取施工信息（如施工时间、完成时间、部位等），录入模型开设的端口界面之中，使模型拥有施工信息属性。

2）现场信息录入

进入现场后，对现场监理所发现的质量问题进行采集，通过IPAD，进行质量信息记录工作，通过照片、全景照片、视频多重角度，还原现场情况。照片采集后，进行文字录入工作，描述现场质量问题内容。并对模型构件进行关联与录入，完成对三项关键信息的收集与录入。

幕墙实景模型的录入

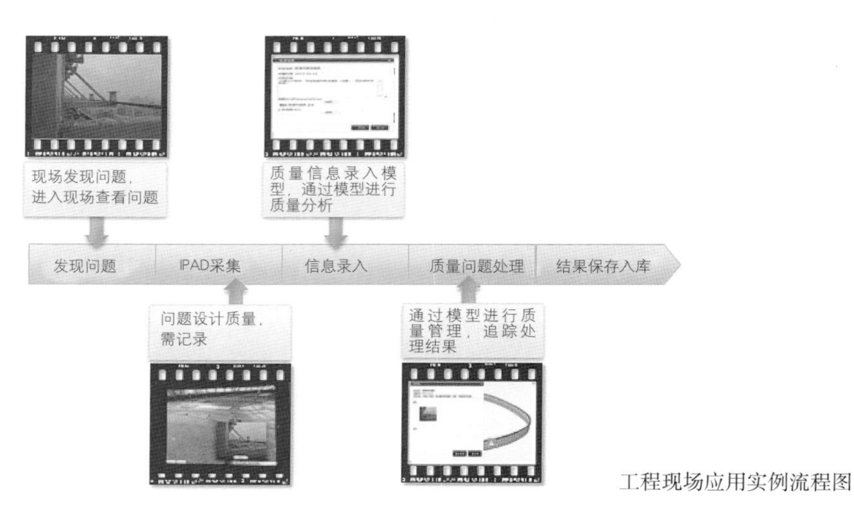

工程现场应用实例流程图

现场记录质量信息分类及内容

质量信息分类	信息内容
基础信息（时间）	2013-02-01
基础信息（坐标）	35层上口板块
质量信息	转接件做法错误（过高）
处理信息	发现问题，要求整改

4.后续质量管理控制操作

在记录完现场情况后，对记录的质量信息进行联网上传至数据库中，完成对整体BIM模型的录入工作。在将质量情况录入模型后，通过模型，在内业完成对现场质量分析，并决定由于质量问题较严重，向施工单位派发通知单，质量管理系统随之提升标签等级，以醒目红色标记标示此处已由监理派发通知单，并且业主第一时间注意到此处问题。

在3天后，施工方通知监理，已完成对现场质量问题整改，因此，在BIM质量管理系统中，对标签进行编辑，降低标签等级，并将整体记录信息入库（工程记录数据库）永久保留。

5.传统质量管理体系对比

经过一系列的跟踪操作后，数据库中完整记录了这一质量问题的前后发生信息，并添加入板块属性之中。在整个质量监控过程中，通过模型直接浏览现场，而标签所标示的内容能方便地提供给需要翻阅者浏览，通过对于标签的控制编辑，质量管理者能第一时间对于现场进行有效控制，这一点，对于庞大的工程项目来说无疑是高效的，而效率是工程项目最需要的。

五、总结与展望

通过BIM实施的工程质量管理现在仍处在探索的过程中，但无疑这是一种较之于传统的管理方式更为有效的系统，不仅体现在管理上，也体现在翻阅查找上。脱离文字的抽象描述，通过BIM的三维模型能很好地还原质量发生的地点与对象，这对于质量问题的协调工作无疑是个福音。这里基于BIM实施工程质量管理只是抛砖引玉，相信在不久之后，BIM在工程项目中能发挥更多更大的作用，引发一场属于BIM的工程革命。

济南市第二生活垃圾综合处理厂项目监理共创“鲁班奖”经验

北京五环国际工程管理有限公司　李兵　王瑞斌

摘　要　城市生活垃圾焚烧发电项目是以处理城市生活垃圾、改善城市环境为目的的环保项目，北京五环国际工程管理有限公司自2005年介入垃圾焚烧发电项目监理工作至今，已经监理完成或正在监理的垃圾焚烧发电工程有二十几个工程，积累了丰富的同类工程监理经验，所监理的工程质量得到了业主和社会的广泛认同。公司在长期实践中不断摸索完善了一套城市生活垃圾焚烧发电项目的工作方法《垃圾焚烧发电项目监理实务大纲》，以此作为指导监理工作的大纲文件。本文通过分析济南城市生活垃圾焚烧发电工程“鲁班奖”创优过程，结合公司《垃圾焚烧发电项目监理实务大纲》对项目监理工作的指导和应用，系统总结了该类项目在施工过程中应重点关注的质量控制要点，为监理该类项目提供一些监理工作上的参考。

关键词　《垃圾焚烧发电项目监理实务大纲》　监理　共创“鲁班奖”

城市生活垃圾焚烧发电项目是国家发展循环经济产业、促进环保产业发展的重要方向，近些年该类项目已经在全国各地大量投入建设，提高项目建设标准、保证施工质量的需求非常强烈。

目前，我国此类项目的监理工作还处在发展阶段，城市生活垃圾焚烧发电项目的监理工作有不少还在参照火力发电的规程、规范在开展，这远远不能满足垃圾焚烧行业飞速发展的需求。因此，我们需要在实践中不断探索，不断完善，促使此类工程的监理工作早日程序化、规范化。北京五环国际工程管理有限公司在长期实践中不断摸索完善了一套城市生活垃圾焚烧发电项目的工作方法《垃圾焚烧发电项目监理实务大纲》，其中对此类项目的质量控制、资料编制、建设要求等重点工作均有过程、表格、指标的具体要求，是我们指导监理工作的大纲文件。

特别是在济南城市生活垃圾焚烧发电工程共创“鲁班奖”监理过程中，公司在总结原有经验的基础上，不断进行改进和提高，尤其在监理质量控制方面取得了良好的实际效果，使公司的“城市生活垃圾焚烧发电项目”监理工作水平和经验有了进一步的提高。

一、创优工程概况

济南城市生活垃圾焚烧发电工程由中国光大国际与济南市政府合作投资兴建，采用BOT模式。工程规模为4台日处理垃圾500t焚烧炉，2台18MW汽轮发电机组；厂内设1座110/10kV升压站，2台18MW（20MW）发电机分别通过单元接线，经两台主变（25000kVA）升压至110kV。焚烧炉采用比利时西格斯机械式炉排，余热锅炉由无锡华光锅炉股份有限公司提供，汽轮发电机组由青岛捷能汽轮机集团股份有限公司提供；

110kV主变采用山东鲁能电力集团生产的三相铜绕组自然油循环风冷电力变压器；烟气处理采用半干法＋活性炭＋布袋除尘器工艺，由无锡雪浪输送机械有限公司整套提供。

本工程的质量目标是获“鲁班奖”。

二、创优工程监理策划

1.工作目标分解

创优是一个系统工程，要求参建各方统一思想、统一行动。根据《垃圾焚烧发电项目监理实务大纲》要求：在项目伊始，项目指挥部即组建了创优领导小组，由甲方总指挥担任组长，施工单位项目经理、监理公司总监和一些主要领导担任组员。项目创优工作在该领导小组的统一指挥下进行总体策划，确立总体目标和分解目标，针对项目特点制定创优措施，并逐步开展实施。

具体目标分解如表

获得鲁班奖目标分解（三级简述）。

根据以上目标，对重点工作要求进行了分解，对重点工作制定了具体措施。

2.监理质量控制工作策划

质量是“反映产品或服务满足用户明确或隐含需要能力的特征和特性的总和”。根据鲁班奖工程要求，结合《垃圾焚烧发电项目监理实务大纲》对工程质量进行了具体的描述，力争在质量细节上达到相当水平，同时也要经得起时间的考验，得到社会的确认。制定措施，明确工作标准，严格检查这些质量控制环节的实施落实情况。

针对创优工程质量目标，监理部对监理工作的实施进行了策划。

1）质量控制做到“三高”与“三严”。

获奖目标：鲁班奖（国优）	安全管理目标	施工和试生产期间杜绝人身死亡和重大机械、设备损坏、火灾事故、负主要责任的交通事故
		不发生重伤和恶性未遂事故，轻伤事故率控制在3‰以内
		环境保护符合国家环保标准，进一步提高员工健康水平
		获自治区级《安全文明施工现场》优胜单位，安全文明施工创全国一流水平
	质量与工艺目标	单位工程优良率100%；分部工程优良率100%；分项工程合格率100%，优良率＞98%；受监焊口检验一次合格率≥98%
		消除安装施工质量通病；实现质量事故零目标，基建痕迹零目标，零缺陷，零尾工移交生产
		十个一次成功：锅炉整体水压；厂用电系统受电；汽轮机扣盖等；辅机分部试运；锅炉风压；锅炉加药煮炉；锅炉点火；汽轮机冲转、定速；发电机并网；（72+24）小时满负荷试运
		六个闪光点：锅炉钢架及炉本体扶梯、平台、栏杆安装；管道及设备管道保温、金属外壳安装；管道支吊架及小径管敷设；中低压管道焊接接头表面工艺；动力、控制电缆敷设；盘、台、柜内二次电缆接线工艺
	工程档案目标	机组投产后，工程竣工资料在1 个月内移交
		工程资料目录齐全、规范，资料规范统一
		工程资料内容准确、可靠、图文清晰
		资料中的不合格项闭环

“三高”是高的质量目标、高的质量意识、高的质量标准，“三严”是严格的质量管理、严格的质量控制、严格的质量检验。

2）着重强调“预控”。

在开工阶段，就预先对重点问题有针对性地解决。一是要对工程进行施工局部设计，也就是按工艺综合考虑，尽量避免设计院在施工图设计中的交叉配合不到位的现象。二是对质量预控进行策划，包括总体预控措施、各分部（分项）工程重点部位和关键工序的质量预控措施、对作业层的质量预控措施。

3）做好前期工作，注重“顶层设计”。

特别是在开工前，监理如果能做好“顶层设计”会起到事半功倍的作用。

4）重点部位加强质量控制。

根据《垃圾焚烧发电项目监理实务大纲》列出几个重点控制部位：锅炉钢架和水冷壁安装、汽机扣缸、垃圾仓池壁混凝土浇筑、天沟泛水、设备基础、刚性保护层、突出屋面建筑构筑物四周的变形缝、爬梯、避雷、设备安装、泛光照明、垃圾存储系统、锅炉炉排及液压站控制系统、渗滤液处理系统等重点部位，组织工程技术人员立项进行针对性的科技攻关，通过加强质量控制，将工程难点、关键点变成工程创优亮点。

5）加强对工程特殊部位的质量控制，克服质量通病，确保工程质量的创优。

监理部结合工程实际，找出克服质量通病的办法，通过QC攻关，制定了一系列质量通病的防治措施，如混凝土结构梁、板裂缝防止措施，地下室、屋面、厨厕、窗台渗漏防治措施，墙体空鼓、开裂，渗漏防止措施。通过推广这些措施，促进了工程质量尤其是结构质量的提高。

6）工程资料全面、准确。

一项鲁班奖工程从立项、审批、勘测、设计、施工、竣工、交付使用到报审鲁班奖工程，涉及众多的环节和众多的部门。在过程中要认真收集、积累文字和音像资料，确保工程资料齐全、完整并及时归档。

三、创优工程的监理工作实施

围绕着监理质量工作策划，在创优过程中，监理重点实施了如下内容：

1.前期做好顶层设计工作

1）认真审查现场平面总图的设计。包括现场平面图，塔吊位置布置，木工、钢筋工加工场布置，设备材料仓储，安装工程组合场位置，职工宿舍位置，消防水池位置，场内永临环形便道的宽度和位置等。

2）认真审查施工单位的工程进度节点图。

3）明确验评规范和标准。

4）确定《监理工作表格》及资料编号，向施工单位提出各专业的《施组》、《方案》、《作业指导书》的编制计划。

5）认真做好监理交底及安全监理交底工作。

6）监理部内部管理到位，主要体现在：编制人员进场计划，完善监理内部组织体系，明确监理部人员岗位分工及岗位职责；完善监理部各项工作制定，包括例会及专题会议制度、内部会议制度、巡检制定、月报制度及内部培训制度、内部考核制度等；编制监理规划及监理实施细则；建立监理部内部资料台账及监理资料管理系统。

7）做好迎检准备工作

根据《垃圾焚烧发电项目监理实务大纲》中电力监检的具体要求，逐项完成各个节点迎检前的所有准备工作，迎接电力建设工程质量监督总站、省（自治区、直辖市）电力建设工程质量监督中心站、工程质量监督站的监督检查。

工程开工初期，对以上“顶层”做出合理设计，使得工程一开始便处于有序管理状态，可以大大提高工作效率。我们反对“工程干到哪里改到哪里”的做法，做好顶层设计，是监理工作得以顺利开展的保障基础。

2.加强预控管理

开工阶段，就预先对重点问题有针对性地解决。一是要对工程进行施工局部设计，也就是按工艺综合考虑，尽量避免设计院在施工图设计中的交叉配合不到位的现象。二是对质量预控进行策划，包括总体预控措施、各分部（分项）工程重点部位和关键工序的质量预控措施、对作业层的质量预控措施。

在预控管理中，还要重点管理以下两点：

1）明确合法性预控点：业主的各种报批文件；建设用地手续合法；承建单位的资质、施工人员的资格；参建单位不合法行为及出现的可能；其他违法事件的可能发生。

对于不合法事件，监理及时拟发预控函件，并跟踪落实。

2）找出质量预控点

施工管理：包括施工及技术管理、质量保证体系的建立健全；管理组织架构及人员资质的审查，特殊工种上岗证书的审查。

方案审查：包括施工图纸会审、施工组织设计、施工方案的审批，专项技术交底及新方法、新工艺、强制性标准执行情况等。

材料、构配件、设备的进场物资检验。

施工操作方法、工艺，及质量管理人员到位情况。

现场施工机械的能力、容量能否满足施工需要；供水、供电能力是否正常。

环境因素：包括气候及外界环境对施工的影响。

专业交叉作用的施工工序，相互影响及成品保护。

3.严格执行工序验收制度

逐级严格按标准进行质量验收，抓好整改落实工作。逐级检查验收交接，以班组为基础，工序完工后，先由施工班组按图纸要求和规范进行自检，自检合格后报项目施工员初验，初验合格后再由质量员组织下道工序的班组同各专业工程师和现场监理进行验收，验收通过办理书面的交接手续，对检查出的问题，当即开具整改通知单，要求施工班组整改以后再重新验收，确保质量问题不流到下道工序，工序验收过程中坚决实行质量否决制。

四、重点部位的质量控制实例

1.垃圾存储系统的质量控制

1）系统描述

垃圾存储系统包括斜坡桥－卸料大厅－垃圾存储仓－渗沥液收集池－垃圾吊－除臭风机系统。

斜坡桥主要是引导垃圾车进入卸料大厅，质量控制的关键是一定要按照设计和规范施工，混凝土桥体能够满足30t左右的垃圾转运车满载行驶安全要求，尤其注意转弯处外高内低的坡度要求。在设计上也可借鉴有些工地采用沿卸料大厅大门在斜坡桥上做30m左右的封闭长廊，可有效抑制臭气外溢。

卸料大厅主要是供垃圾车卸料回转的，一般大厅顶为钢网架结构，屋面为金属防腐彩板盖顶，地面为混凝土加耐磨层。主要的控制点在密封，防止臭气外泄，另外也便于除臭风机系统创造一个负压环境。

垃圾仓总深度13m左右，一般为地面6m，地下7m，最底部设渗沥液收集池，池内的渗沥液通过防腐泵送至渗沥液处理站处理。渗沥液收集池为质量重点控制部位，绝对不容许出现渗漏点。

垃圾车在卸料大厅将垃圾卸入垃圾仓，垃圾在仓内发酵7~15天才可投入锅炉燃烧。质量控制的重点部位在于垃圾仓和渗沥液收集池。监理部一定要督促施工单位严格按照设计要求施工，做到确保防渗防漏。发酵的垃圾和渗沥液可产生大量的沼气，恶臭难耐，污染环境。因此，垃圾仓上空要做到密闭，以防外溢。同时，垃圾仓底部的防渗防漏施工也是质量控制的重点。垃圾仓底部和渗沥液收集池会聚集生活垃圾产生的大量渗沥液，一旦出现渗漏将会严重污染地下水源，并且漏点难以发现，即使发现也已经难以处理，给人民生活带来巨大的危害。所以，防渗防漏是垃圾焚烧工程质量控制的重点、成败的关键，不可掉以轻心。

垃圾吊由人在密闭室操作，将发酵好的垃圾投入溜槽进入锅炉推料炉排烘烤燃烧。重点控制垃圾吊的运行轨道安装平直平行，控制排线接头可靠、密封，垃圾爪伸缩自如，控制灵活可靠。

除臭风机在垃圾仓顶部设置引风口，其作用是将弥漫在垃圾仓内的臭气抽走，或经活性炭处理后向空排出，或将可燃气体通过管道引入锅炉燃烧。在运行过程中使垃圾仓内始终处于负压环境，以防臭气外溢。

2）质量控制要点

监理部根据《垃圾焚烧发电项目监理实务大纲》中垃圾存储系统质量控制办法，按照有关的材料、工艺、过程、验收控制程序逐项进行质量控制，系统地消除容易发生的质量问题，尤其是质量通病基本得以解决。简单如下：

垃圾仓底部、渗沥液收集池要求混凝土一次浇成，施工时要注意垫层施工面，必须清理干净，不得留有杂物，必须振捣到位。这两点是保证施工质量的关键，监理要做好检查和旁站。

在做防渗漏施工时，监理一定要先仔细检查施工现场是否满足条件，如混凝土是否干透，条件具备后才能进行防渗漏作业。

在施工组织设计审查时，要重点审查垃圾仓壁的施工组织措施，不能抢进度，一次浇筑混凝土不能过高，因为垃圾仓壁比较薄，钢筋密度大，振捣不易到位，应以能够实施充分振捣的高度为宜。同时，要仔细检查混凝土接茬部位的清理和润湿程度，否则很难保证混凝土接茬处的密实度。如其工程的垃圾仓壁在灌水实验中发现有渗漏，但很难找到具体的渗漏点，最后只好采用大面积的补漏，既费工又废料，得不偿失。

模板拉接螺栓孔的堵漏也十分重要，不容忽略。

2.锅炉炉排及液压站控制系统的质量控制

1）系统描述

垃圾焚烧锅炉与燃煤锅炉不同点主要在焚烧系统。焚烧系统的核心设备是焚烧炉，焚烧炉的关键是焚烧炉排。

目前，我国垃圾焚烧锅炉的炉排主要有两种结构形式：一种是日本日立公司的炉排，一种是比利时西格斯的炉排。两种形式均能适应我国垃圾含水率高、热值低、没有很好分类的特点。本工程采用的是西格斯的炉排。

西格斯炉排大体上可分为三段：垃圾进给烘烤段、垃圾焚烧工作段、垃圾燃尽出渣段。每段可分为固定排、往复式混合排、上下翻动排三种运动方式。其中燃烧工作段是三横列为一组，第一列为固定列，第二列为往复运动列（混合），第三列为上下翻动列（破碎），燃烧段由多组构成（根据锅炉大小一般分为4~6组），垃圾在整个燃烧过程中处在混合、搅动、破碎、燃烧过程中，能够使垃圾得到充分燃烧。

在锅炉燃烧运行时，炉排的全部动作由锅炉液压站DCS系统自动控制。

西格斯炉排安装图示:整个炉排分为6组，最上面为第一段（进料烘烤段）炉排，可以清楚的看到竖起来的推料炉排；第2~5组为燃烧段，每组分为：固定、抖动、翻动三横列；第6组在最下面为出渣段。

2）质量控制重点

根据《垃圾焚烧发电项目监理实务大纲》中对锅炉质量问题的控制要求，逐项消除容易产生的质量问题，其中炉排部分与厂家（外方）专家共同工作，切实保证炉排安装质量，确保工艺性能。简要如下：

炉排组件的吊装固定严格按照厂方要求落实。

液压站与炉排侧液压缸油管路的连接共同检查验收。

液压站的安装与调试。

施工炉膛耐火砖时，注意水冷壁膨胀部位要按照规范留足膨胀间隙。

为使垃圾在炉膛内能够充分燃烧，液压站控制各组炉排动作的时间，顺序要调整正确。

3.渗沥液处理系统的质量控制

在我国，由于城市垃圾分类系统没有完善建立起来，垃圾渗沥液污染物成分十分复杂，浓度高，营养物质比例严重失调，处理难度大。渗沥液处理在国际上也是一道难题，真正要想处理好，代价十分巨大。

1）渗沥液处理效果的工艺保证

渗沥液经提升泵将渗沥液收集池存储的渗沥液提升进入污水处理调节池加石灰，后进入混凝反应池，再加入混凝剂经竖流式沉淀池，污泥排至预处理污泥浓缩池。沉淀池出水进入脱氨池脱氨后加热，再经一二级厌氧反应，产生的沼气送至沼气处理系统综合利用。经脱水和沉淀后的污水进入SBR进水调节池，充分曝气等一系列的生化反应后产生的污泥回流至厌氧反应池。污水经好氧反应后进入SBR出水池，再经泵提升至超滤系统，处理后进入纳滤系统，过滤后排入污水管。处理污泥过程产生的臭气统一收集，送至焚烧炉焚烧。

西格斯炉炉排侧面的液压控制油缸

其过程主要为：化学处理—生物化学处理—深度膜处理三个阶段。

2）监理质量控制重点

根据《垃圾焚烧发电项目监理实务大纲》要求，对渗沥液池的土建施工制定质量控制措施，明确过程、验收质量指标控制，保证其抗渗要求。简要如下：

土建施工的质量控制要点与垃圾仓相同，其重点是要严格控制各种处理池的防渗防漏。

设备安装工程质量控制要点：

管道必须具有出厂合格证及检验报告。

管道安装前应清除管道内焊渣和杂物。

地管道压力试验应在水压试验后进行土方回填，并严格按照《给排水管道工程施工及验收规范》GB 50268-2008执行。

各种水泵安装须符合图纸或规范要求。所用的油脂应有性能检验证件，并应符合使用要求。

水泵与管道连接前的进、出口应临时封闭，确保内部清洁无杂物。管道安装不得使设备承受额外的作用力和力矩，调整管道支吊架时严防将设备悬起或产生位移。

设备就位前基础表面凿毛并清除油污、油漆和其他不利于固定螺栓二次浇筑的杂物。

放置永久垫铁处的混凝土表面应凿平，与垫铁接触良好。

设备安装时的纵横中心线和标高，应符合设计图纸要求。直接放在基础上的平底箱罐，在就位前应进行严密性试验，消除渗漏。箱底外部涂刷防腐层后方可就位安装。箱底平整并与基础接触密实。

各个单元进行调试前必须用清水进行渗漏试验，厌氧系统试漏无问题后进行气密性试验。

对各系统所配套的循环泵、增压泵、排泥泵进行带负荷运行，运行时间不得低于24h。

五、成果总结

垃圾焚烧发电类项目的质量管控应该以施工工艺水平的高标准为主线，围绕电力质量监督监检大纲的要求分层次、突出控制重点、辅助以质量措施方案来提高施工质量。公司在实施《垃圾焚烧发电项目监理实务大纲》过程中，根据提高施工质量这一目标，结合项目特点和工艺要求，逐层分解总目标和分目标，对每个分目标配合以具体的实施措施，进而提出量化的检验要求，针对性地解决了施工工艺质量问题。

济南城市生活垃圾焚烧发电工程在参建各方的精心组织、共同努力下，所有26个土建单位工程、98个安装单位工程全部一次验收合格，合格率100%。自机组移交生产以来，在使用过程中未发现质量缺陷及质量隐患，整个工艺系统运行正常、平稳、安全、可靠。工程实体质量及相关资料符合鲁班奖《复查工作细则》的有关要求。该工程经精心策划、精心组织、精心施工，整体工程质量较好，施工过程控制到位，无论宏观还是微观，工程质量都达到了精品工程的要求，获得“鲁班奖”评审委员会的一致认可，并获得2013年度“中国建筑工程鲁班奖”。

全过程做好医药洁净厂房通风系统的监理工作

河北华博工程建设监理有限公司　王新宇

摘　要　医药洁净通风系统质量控制的重点是净化空调系统的安装和调试。通过自身的工程实例，对洁净通风系统从施工准备阶段、施工过程中及安装高效过滤器直至系统检测整个过程的施工质量控制进行了阐述，并针对医药行业的专业要求在施工中关键的工序和操作提出了相应的控制措施和要点，冠以事前预控、事中控制、事后监测等监理手段及方法，对项目全过程实施有效的监理，确保工程的施工质量始终处于受控状态。

关键词　洁净通风系统　监理　质量控制

为建设工程提供服务越来越要精细化及专业化，这对监理工作提出了较高的要求。因此，在医药建设项目中派驻现场的监理工程师应掌握洁净厂房及设施的专业知识且有较丰富的实践经验，并能根据通风系统自身的特点，制定相应的监理实施细则，为监理过程质量控制提供操作依据。笔者从设备及设施管理工程师转成监理工程师，历经几个GMP新建、改建项目实施，切实感受到做好监理工作，要将专业知识与监理管理理念结合，把握监理要求及流程，运用监理工作的方式方法，才能实现有效的全过程管控。

一、洁净通风施工前的质量控制

1.做好图纸会审

施工图是监理质量控制的重要依据，专业监理工程师应结合通风系统工程的特点，对本工程的设计图纸进行认真会审。多数项目初期，通风空调系统只有工艺图，没有施工图，针对洁净的专门要求，洁净通风空调的设计要与外层建筑、内部维护结构、装饰等专业协调，进行二次设计。对于已完成的二次设计，可着重审核各专业交汇较多部位的设计，如回风夹道的布置。通风专业主要考虑的是洁净空间内的气流组织：洁净度较高单向流洁净室（通常是生产核心区）需两侧下部满布回风口，回风夹道主要应满足气流组织；对于非单向流洁净室，根据洁净度级别、房间宽度、室内设备布置等，确定是双侧下回风还是单侧下回风。这些都要结合房间四周土建墙、柱子的位置，统筹考虑设备、管路、消防、电气等相关专业，使回风夹道的设置既能满足气流组织的要求，又方便洁净室装饰时对土建柱子的包覆及预留出其他专业安装检修的空间。再有重点审查技术夹层中主风管的走向，只因主风管尺寸大，设计施工都优先考虑，同在技术夹层又有众多工艺管路、电缆桥架、洁净设备等，图审中也要兼顾——不要占他人的路，让他人无路可走。总而言之，审图要审查工艺图纸及相应资料是否齐全，有无含糊不清或遗漏的地方，工艺流程图与通风管路图是否有矛盾，与相关各专业布置的协调等。将图纸审查意见整理后，在图纸会审时提出，并会同施工单位提出的问题一并整理成稿。由设计单位审查签署会审意见，作为工程施工和监理的主要依据。

2.详细审查施工单位报审的实施方案

实施方案是施工单位指导施工全过程各项活动的综合性、纲领性文件，也是监理事前控制和主动控制的重要内容。在洁净施工中特别强调的是控尘，施工顺序的安排应是先有尘作业，后无尘作业。各种可能的产尘作业有各种管道的支架、吊架安装，各种吊杆、吊件的安装，管道的焊接等。在施工部署中，可以做出即使该工种还不到进场的时间，也应派少量人员先进场进行相关的产尘作业的安排。也可由各专业产尘作业的操作人员组成施工组，先进行各自吊杆、吊件等产尘作业的安装，待产尘作业完成后，通风管道安装进场，这是较为理想的施工顺序。而实际施工中，难以避免有尘与无尘交叉作业，则要求施工方案中应有防尘保护及有效清洁的措施。

3.检查通风系统现场加工场所及试验检测设施

通风管路及部件施工分为制作区加工和现场安装两个阶段。实施前对制作加工区进行考察，从工程产品的源头开始做好管控，确保加工过程质量、制作安装进度满足项目实施需要。考察主要方面是加工规模、设备装备、加工操作人员数量、加工现场环境。

对照项目要求列出详细评价表，查看现场时，全面检查施工准备情况。加工区内不同材料分开放置，不锈钢不与碳素钢材料接触。风管板材存放处应清洁、干燥。镀锌板展平及堆放处应铺木板垫层，防止污染、划伤镀锌层及接触腐蚀。风管制作专用场地，其房间清洁，宜封闭。风管试验检测设施齐备，对于外购风管及部件，具备实施检测强度试验、变形试验的装置。洁净系统的风管完成制作后，风管清洗、密封、存放、运输等都要达到洁净要求。经考评、整改后，确认符合洁净风管加工条件，具备承担本项目施工，则报请总监理工程师签发开工指令。

二、施工过程中的质量控制

1.风管制作阶段质量控制

施工开始后，质量控制的第一步就是把好材料关。洁净风管材料常用优质、无油镀锌钢板，洁净室内的风管常用不锈钢板及铝板制作。材料进场后采用目测检查、卡尺测量检查，并查验材料质量合格证明文件、性能检验报告、合格证书。镀锌钢板外观质量，表面不得有裂纹、划伤、镀层脱落等缺陷。

接下来到制作阶段。监理人员需依据专业监理细则，对制作加工区实施巡查、抽检，检查制作现场工作：下料加工区，裁板、折边、压口等严密且无损伤；清洗区，要用不掉纤维的抹布擦净、晾干；打胶封口区，风管口法兰四角、三通接缝处注密封胶密封，并用塑料薄膜封堵风管两端。每批风管制作同时要伴随作相应的质量记录：风管加工、清洗记录，自检、封口记录等。现场洁净风管的操作人员应穿干净工作服和软底工作鞋，制作完成用无腐蚀性清洗液将内表面油污洗净，晾干后经检查符合要求，即用塑料薄膜及胶带封口，并做好系统识别标识。

2.通风系统安装阶段质量控制

洁净风管由加工、存放到运至安装现场后，再次检查密封是否完好。在风管组对时，方可撕下塑料薄膜。洁净风管的连接采用法兰连接形式密封效果好，法兰垫片应选用弹性好、不透气、不产尘的材料，禁止采用乳胶海绵、泡沫塑料、厚纸板等含孔隙和易产尘的材料，优选橡胶板、闭孔海绵橡胶板垫片。垫片要与法兰密封面适应，垫片被法兰均匀夹持后应做到与风管内表面平齐。

风管上连接的阀门、消声器等部件，安装前要擦拭干净，特别是孔板消声器，孔板上常带有加工时的油污，需彻底清洁后才可安装。

支风管的安装，多是在主风管现场开孔口进行连接，除了要做好接口处注密封胶保证接口密封外，特别需要增加接口处主管、支管相对位置的固定，在实际运行中，因风管的摆动是容易造成接口松动、漏风。

当与风机及其他部件采用软连接时，柔性短管不宜过长，一般150~250mm，选用表面光滑、不起尘、不透气、不产生静电的材料制作（人造革、软橡胶板等），连接两端管道或部件要对正，安装后软管不得扭曲。

3.高效过滤器安装质量控制

高效过滤器一般是洁净通风系统中的末级过滤器，其产品和安装的质量对洁净室内所要求的空气洁净度起着关键的作用。

安装前安排对洁净室内进行全面清扫、擦净。如在夹层内或吊顶内安装，应对夹层或吊顶内进行清扫和擦净。高效所在的空调系统，应先试运行，时间不少于12h，试运行后需再次擦净。

完成准备工作后，在清洁的环境下，现场打开高效过滤的包装，目测检查每台过滤器框架、滤纸、密封面等完好。

安装时注意：安装方向正确；框架平整，平整度偏差不大于1mm，过滤器密封采用玻璃胶密封、负压密封或液槽密封及双环密封等方法时，须把填料表面、过滤器边框和框架表面及液槽擦拭干净。

采用密封垫密封时，密封垫厚度不超过8mm，接头形式采用阶梯型或企口型，并涂密封胶。采用液槽密封时，液面高度应符合设计要求，框架接缝处不得有渗漏。采用双环密封条时，在粘贴密封条时不得将环腔上的孔眼堵住。双密封环和负压密封都必须保持负压管道的通畅。

三、洁净通风系统验收的质量控制

通风空调系统验收围绕着洁净生产环境对空气的要求展开，项目众多，但通过全过程动态控制，对检验批、分项工程和隐蔽工程实施逐一的分项验收，通风系统分部工程验收质量就有坚实的基础保障。如系统漏风量测试，自始至终，加工也好、安装也好，风管咬口形式可靠，咬接严密，管段与法兰连接严密，三通、弯头等管件制作合格，法兰四角、三通连接处密封胶涂抹匀实，法兰密封垫拼接粘贴规范，初步漏光检查无漏光点（新版洁净室施工验收规范已不做漏光检测要求，按现行通风与空调施工质量验收规范要求），整个过程下来，可保证进行各个风系统检测漏风量和漏风率时，不经返工修补就可达标。

做好质量控制工作，监理人既要严格执行项目要求、标准规范，也要注重实践和实际效果。在实际项目中，笔者就遇到系统验收当中对高效过滤器安装后的检漏议题的商榷。按要求，洁净度等级5级及以上（对应GMP2010版A、B级）的洁净室内高效全检，而同一个系统内的送风末端有几十台乃至百台高效过滤器，逐一扫描检漏耗时长。除正在检测的高效过滤器外，其余待检的高效都在含尘的通风系统中长时间暴露，加之修补更换等事项，致使通过验收后，高效的有效作用时间大为缩减。就此问题在监理组织的验收预备会上，与业主工艺质量负责人、施工负责人、高效生产厂家代表等广泛商议，共同确定参照洁净室验收规范中对风口安装检测要求，将送风高效过滤器的检漏分为两个步骤：在具备安装高效的现场放置一检漏装置，对打开包装的高效逐台检漏保证滤芯不漏——高效产品质量合格；全部安装后，系统送风仅对边框检漏——安装质量合格。这样一来，系统检测的时间大为缩短，系统中高效过滤器集体暴露在尘源的时间大为减少，实现了既满足验收要求又经济合理的良好效果。

四、结语

实践证明，在专业性强的施工过程监理中，监理工程师只要做到领会专业工艺要求、设计意图，认真执行标准规范和有关规定，严格把好审核、检查、验收关，采取巡视检查、平行检验、跟踪旁站相结合，及时发现问题并及时处理，就能发挥良好的监理作用并取得较好的项目管理成效，进而赢得项目参与各方的好评。

参考文献

[1]《通风与空调工程施工质量验收规范》GB 50243—2002

[2]《医药工业洁净厂房设计规范》GB 50457—2008

[3]《洁净室施工及验收规范》GB 50591—2010

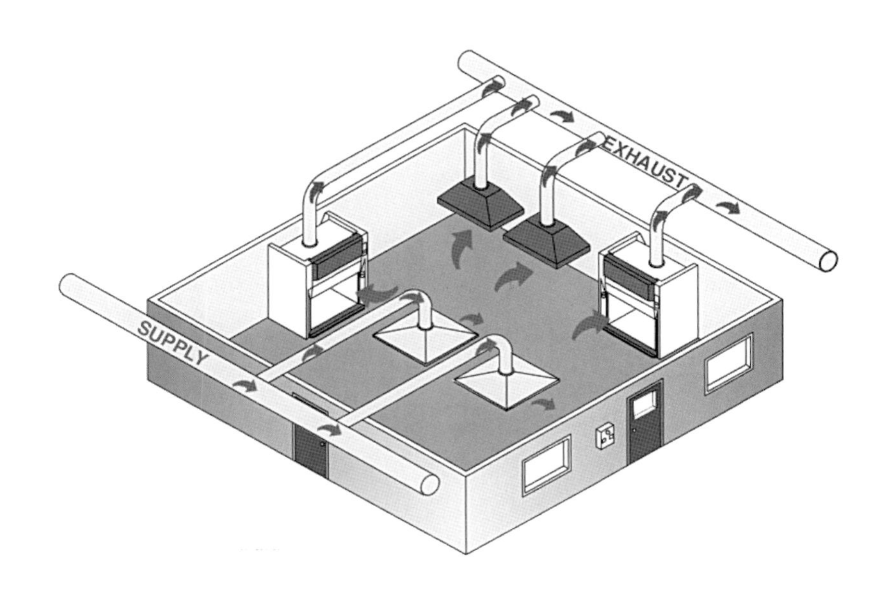

某机场航站楼工程项目管理模式分析

广东海外建设监理有限公司　桂群

摘　要　建设单位作为工程项目的投资主体，在工程项目管理过程中具有主导性的作用，但建设单位如何选择合适的项目管理模式，以实现项目管理目标，是建设工程项目管理中的主要问题。本文从建设单位管理的角度出发，通过对某机场航站楼工程业主项目管理模式的分析，提出该项目管理中存在的问题，总结经验和教训，探讨机场航站楼项目管理模式选择的合理性，对现行管理模式提出优化建议。

关键词　机场航站楼建设工程　项目管理模式　项目管理架构

一、概述

1.工程概况

某国际机场属迁建工程项目，分两期建设，一期工程于2000年8月28日正式开工建设，目标工期2003年底投入运营，总投资额约200亿元。一期工程建设规模：跑道2条，拥有机位数66个，货机位5个。年旅客吞吐量2500万人次，货物吞吐量 100万t，飞机起降18.6万架次，旅客吞吐量9300人。机场航站楼是整个机场的核心建筑，同时是机场工程的工期控制性工程，总建筑面积约35万m^2，总投资47.8亿。航站楼工程的主要特点有：

1）项目工期紧，质量目标高：项目总施工目标工期为3年，施工时间短，质量管理目标是申报中国土木工程詹天佑大奖、中国建筑工程鲁班奖。

2）场地岩土工程地质条件复杂：航站楼位于石灰岩地区，是国内当时在岩溶地区兴建的规模最大的民用公共建筑。场地岩溶发育强烈，第四系土层存在软土、土洞等不良地质体，而基岩面起伏剧烈。基础工程施工难度大。

3）专业复杂、协调难度大：航站楼工程既具有普通大型公共建筑的特点，同时具有明显民航的行业特点，专业工种繁多复杂，新材料新工艺运用广泛。大跨度不规则相贯焊接空心钢管钢结构、大面积张拉膜、五级安全检查、行李分拣、飞机泊位引导等多项专业高新技术，其设计、施工技术与工艺复杂程度在“大、新、尖”的特定领域反映21世纪国际一流的建筑技术水平。

2.现行工程项目管理模式

在我国现行由项目业主、承包商、监理单位直接参加的“三方”工程管理体制之下，本机场工程项目的管理模式是在传统的设计–招标–建造模式（即DBB模式）的基础上，参考了项目管理承包模式（即PM模式），委托了总包管理单位（相当于项目管理公司），但没有选择工程总承包施工单位，而内部管理采用的又是传统的指挥部模式，可以说是一种混合型模式，是传统指挥部模式的一种延续和发展形式。

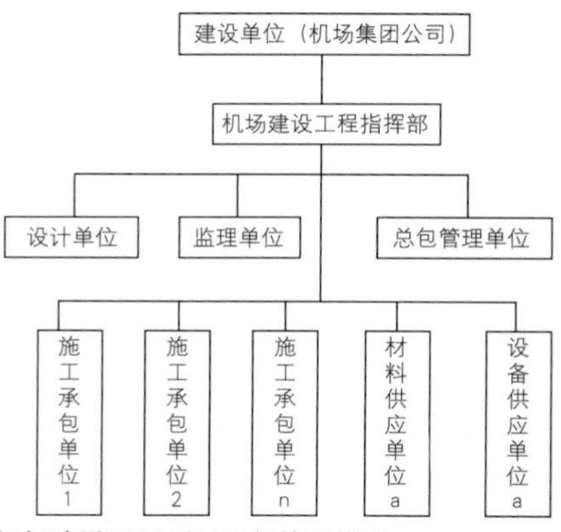

机场建设工程项目现行管理模式

这种项目管理模式下，强调业主在项目管理中的主导地位，业主对项目管理的控制力及影响力极大，同时又发挥监理单位、总包管理单位的辅助作用。

指挥部采用平行发包模式选择承建体系和咨询体系，业主（指挥部）直接与施工承包单位、材料设备供应商签订合同，总包管理单位与施工承包单位、材料设备供应商之间并无合约关系。机场工程项目管理模式中业主、监理、设计、总包管理、专业工程施工承包人之间的相互关系下图所示。

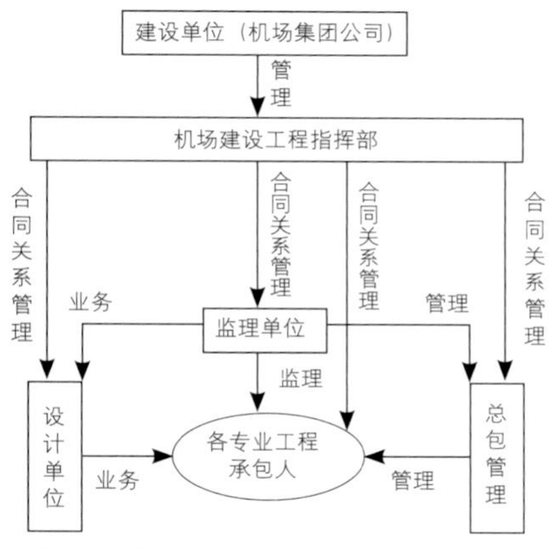

项目各参建单位之间的相互关系图

3.机场建设工程指挥部的组织架构

机场建设工程指挥部实行项目法人负责制，机场指挥部的组建不是临时组阁，而是一个较长时期内相对稳定组织，是集建设、运营、管理为一体的项目法人。指挥部组织架构采取的是直线职能式的组织。

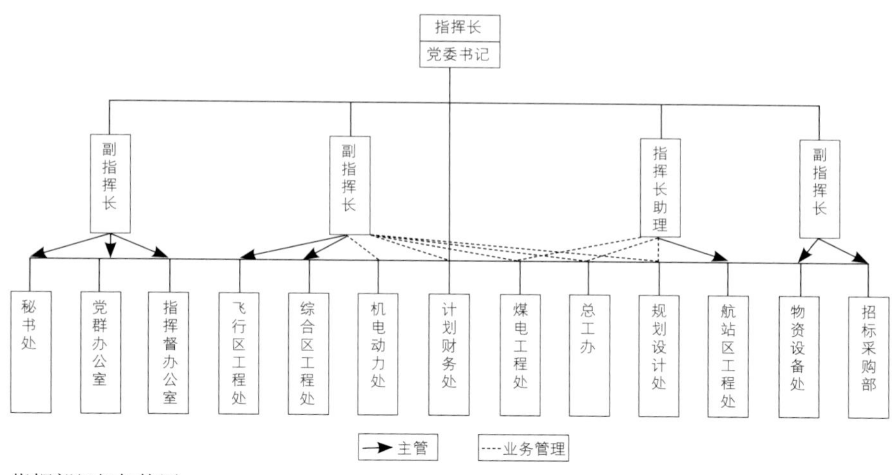

指挥部组织架构图

4.工程项目管理中存在的问题

1）业主管理与总包管理的矛盾：指挥部管理技术力量雄厚，设置了12个职能部门，拥有各类工程管理、工程技术人员150余人，他们中大多数人毕业于建设工程院校，多年来从事机场工程建设，具有扎实的理论基础知识和丰富的机场管理经验，所以指挥部拥有自主管理机场工程项目建设的实力，而采用指挥部的模式就是强化业主的管理主导地位。但在机场工程现行的项目管理模式中，却又委托了总承包管理单位，相当于项目管理公司，但未能赋予其相应的管理权限。

很显然，机场现行的这种管理模式，总包管理单位的管理定位不清晰，无法有效发挥总包管理单位的作用，业主与总包管理单位之间存在管理职能交叉，最终导致项目管理目标中的进度控制效果不良，效率较低。

2）业主管理幅度大，管理效果较差：指挥部采用平行承发包模式选择设计、施工、供货方，并与其签订合同。各设计单位、各施工单位及各材料设备供应单位之间的关系是平行关系，各自对业主（指挥部）负责。这种发包模式，对指挥部而言，将直接管理多个施工单位、多个材料设备供应商和多个设计单位。在机场航站楼工程管理中，业主直接管理的单位达到70多家，业主的管理幅度大，加上招标遗留的施工界面模糊等问题，导致业主现场协调工作量巨大，管理风险大。

这种合同发包模式及项目管理模式，增大了业主管理项目的力度和深度，增强了业主的决策能力，有效地控制了项目的投资，但在具体运行过程中，存在职能交叉、内部协调不畅、工作效率有待提高等方面的问题，特别是各施工单位的承包合同均与业主签订，也就是说总包管理单位与各施工单位之间并无合同约束关系，在这种情况下，总包管理单位的协调力度受到制约。在项目实施过程中，业主投入了大量精力去协调参建各方的关系，处理工程现场出现的各种矛盾，但效果欠佳。

3）机构臃肿、管理效率低：从机场指挥部的组织架构可以看出，项目管理上层有4位副指挥长、指挥长助理，各自主管一定的职能部门，在管理范围及资源调配上存在交叉，也存在盲区；项目管理基层12个职能部门之间是平行关系，但在实际运行过程中存在职能交叉及紧密的业务联系，相互之间沟通存在障碍，需要管理上层或决策层来协调，导致管理效率及效果不良。

二、现行工程项目管理模式分析

1.背景分析

①机场建设历史及发展背景

某国际机场集团有限公司原隶属于国家民航总局，2000年民航进行属地化管理及改革，先后隶属XX市政府、XX省国资委机场集团公司。

在长期的机场建设和机场管理过程中积累了大量的建设管理技术资源，设立了工程建设管理机构（如修缮处、基建处等），管理技术力量雄厚，拥有各类工程管理、工程技术人员150余人，他们中大多数人毕业于建设工程院校，多年来从事机场工程建设，具有扎实的理论基础知识和丰富的机场管理经验，拥有自主管理机场工程项目建设的实力。

在这种历史背景及民航体制影响下，延伸和发展工程指挥部模式来管理机场建设工程属于正常选择。在项目前期阶段，机场管理当局成立了筹建办，专门负责项目审批、报批、报建工作；1999年机场工程项目进入施工图设计阶段和施工阶段后，正式成立机场迁建工程指挥部，负责工程的建设管理。

②我国工程项目管理体制背景

我国现行的工程管理体制，是在政府部门的监管之下，由项目业主、承包商、监理单位直接参加的“三方”管理体制。这种管理体制使直接参加项目建设的业主、承包商、监理单位通过承发包关系、委托服务关系和监理与被监理关系有机地联系起来。

在这种管理体制下，实行的是强制监理，建设工程项目的业主必须委托监理单位，利用监理的协调约束机制，为工程项目的顺利实施提供保证。根据工程建设监理的规定，以及工程承包合同的进一步明确，在监理与承包商之间建立起监理与被监理关系。监理单位依据法律法规、技术标准和工程建设合同对工程项目实施监理。

2.总包管理单位的定位分析

机场建设工程项目的现行管理模式的选择参考了项目承包管理模式（PM模式）：委托了总包管理单位（相当于项目管理公司）提供工程施工阶段的项目管理服务，但没有选择工程总承包施工单位，业主（指挥部）直接与专业工程施工承包单位、设备材料供应商签订合同。同时按照我国建设管理的规定，业主委托了监理单位对工程施工阶段实施监理。指挥部对项目的管理程序是：业主（指挥部）—监理单位—总包管理—专业工程施工承包单位（设备材料供应商）。

这种对总包管理单位（项目管理公司）的定位不利于发挥其管理服务的作用，也存在业主、监理、总包管理单位之间的职能交叉，总包管理单位也无力管理专业工程施工单位及设备材料供应商。

在国际工程管理惯例中，项目管理公司作为业主管理队伍的延伸，为业主提供工程项目管理服务，代表业主对工程项目进行质量、安全、进度、费用、合同等管理和控制，很明显，项目管理公司的位置在监理单位的上游。这种模式主要适用：业主自身缺乏项目管理人才、项目管理体系、项目管理经验，业主与项目管理公司签订项目管理合同，业主通过指定或招标方式选择设计单位、施工承包商、设备材料供应商，但不签合同，由项目管理公司与之分别签订设计合同、施工合同和供货合同。

3.其他工程项目管理模式的适应性分析

结合机场航站楼工程的项目特点、国有大型项目的建设环境（包括政治环境），比较适合机场工程的管理模式主要有DBB模式、EPC模式、PM模式。机场工程现行的管理模式以DBB模式为主，下面对机场工程选择EPC模式、PM模式两种模式的适应性作出分析。

1）选用EPC模式的可行性分析

在我国现有的体制下，EPC模式难以运用到机场工程项目管理之中，存在以下主要问题：

①具备机场建设管理承包能力的EPC承包商严重缺乏。目前我国能为业主提供全过程项目管理服务和具有全功能工程承包能力的公司较少，而对于机场建设项目而言，机场建设具有极强的专业性，EPC承包商除具有一般的工业民用项目管理能力及市政工程项目管理能力外，还必须具有民航机场设计、施工的项目管理能力，目前国内具备机场建设管理经验和能力的管理公司极少或缺失。

按照EPC模式，业主无需聘请“监理工程师”来管理工程，即使聘请监理，但监理的定位也很尴尬，这与我国对建筑工程施工实行强制监理可能存在矛盾。

②政治工程对EPC方式的负面影响。对于国有投资的大型公共设施建设项目来说，经常会遇到所谓“政治工程”的现象，这一类工程的共性特征往往是具有极强的工期限制。这类项目经常是以某一特定时间作为关门工期，项目尚未立项就必须按这一标志性工期节点编制倒排工期计划，在选择施工方案或考虑材料选用方案上，只能是按照工

期要求选择时间最短的实施方式，出现边立项、边设计、边施工的“三边”工程。难免在工程项目实施过程中发生以费用换工期甚至以质量换工期的不利情况，一方面“政治工程”难以采用EPC模式进行管理，另一方面也使得EPC模式失去价值。

2）选用PM模式的可行性分析

机场建设工程项目选用PM模式存在以下几个问题：

①机场指挥部拥有各类工程技术、工程管理人才，积累了丰富的机场建设管理经验，就其本身而言具备提供项目管理服务的能力和水平。目前指挥部的项目管理机构编制齐全， 如果采用PM管理模式，则业主并不需要庞大的项目管理团队，否则将增加管理成本。然而作为国企，如何安置这样一批有项目管理经验的工程人员也是一个难题。

②目前国家或行业尚未有法规对提供项目管理服务（PM）的机构进行明确规定，如项目规模与项目管理服务（PM）的资质等级要求、项目管理服务（PM）的标准、对项目管理服务（PM）的评价方式。同时缺乏项目管理服务(PM)的取费标准及缺乏在竞争性投标过程中对项目管理服务（PM）的评价标准。因此，在国有大型基建项目投资过程中，难以通过招标方式确定质优价美的项目管理服务(PM)机构。

因此，选择项目管理服务（PM）模式管理机场建设的时机尚未完全成熟。

三、结论与建议

通过对××机场航站楼工程项目现行管理模式的介绍与分析，可以形成以下结论与建议：

不同的管理模式都有其适应条件，包括业主的管理能力、项目的专业特点等。在具体的项目应用中，不能机械地照抄照搬国外的项目管理模式，应当结合项目自身特点和实施环境，特别是我国对建设工程管理的有关规定和要求等，比如招投标制度、强制监理制度、工程量清单制度等，选择合适的项目管理模式，也可以几种模式混合使用。

机场航站楼建设工程采用指挥部项目管理模式是合适的，但需要对现行的指挥部模式进行适当的调整。这种管理模式可以说是一种混合型模式：以指挥部管理为主线，以传统的设计—招标—建造模式（DBB模式）为基础，取消总承包管理单位，发挥总承包施工单位的作用。

按照建议的项目管理模式，重点需要优化指挥部内部组织架构，调整合同发包方式等几方面的问题。

1.优化组织机构：结合机场集团的实际情况和机场工程的建设特点，针对机场指挥部在项目管理中存在的问题，对指挥部的内部组织架构提出下述改进建议。

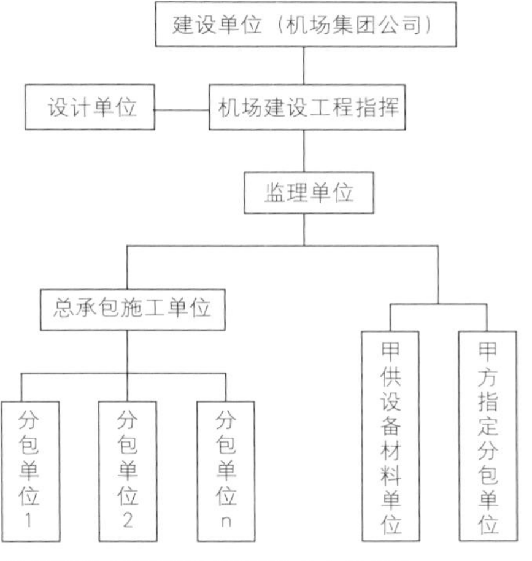

机场建设工程项目管理模式（建议）

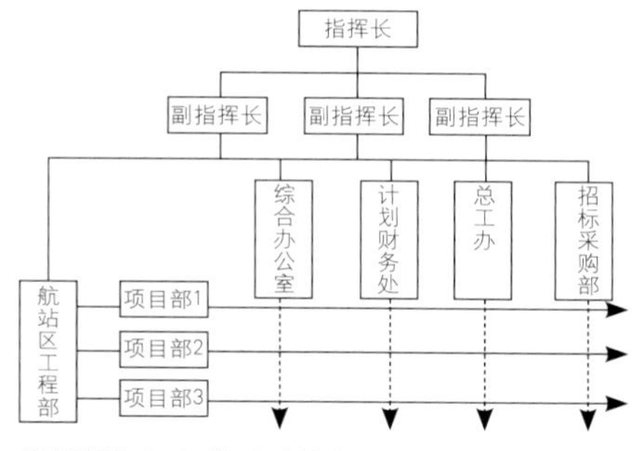

指挥部组织架构（建议）

①精简机构：将原机构中的党群办公室、秘书处、指挥部办公室合并成办公室；将规划设计处合并到总工办；将物资设备处合并到招标处。

②将原机构中的机电动力处、弱电处的功能并入航站区、综合区、飞行区工程部。

2.合同发包方式调整：除涉及民航专业、保密工程、安监系统等分项工程（包括设备材料），由业主直接发包或指定分包外，其他工程均由总承包单位施工或分包。这样可以发挥总承包施工单位的作用，减少业主的管理幅度和强度，提高整个项目的管理效率。

参考文献

[1] 周建国．工程项目管理基础．人民交通出版社，2008．

[2] 白思俊等编著．现代项目管理概论．电子工业出版社，2009．

[3] 蒋作舟．中国民用机场集锦，清华大学出版社，2002．

[4] 蒲建明，建筑工程施工项目管理总论，机械工业出版社，2008．

[5] 李亚春．建设项目管理探讨．建筑科学，2009．

[6] 包石玉．业主如何加强建设项目的管理与控制．管理纵横，2008．

监理企业开展工程项目管理服务的启示

哈尔滨工大建设监理有限公司　张守健　许程洁

摘　要　项目管理作为近年来国家大力提倡的一种项目建设管理新模式，已引起业界的普遍关注。认识和学习这种工程管理模式，对促进我国建设工程管理体制和监理行业的改革具有重要意义。本文结合近年来开展的项目管理服务工作实际，从项目管理人员需求、服务内容、实施过程等方面进行总结，为今后继续开展项目管理工作提供借鉴。

项目管理作为一门学科，是从20世纪60年代以后在西方发展起来的。我国进行工程项目管理的实践至今有2000年的历史，但作为市场经济条件下适用的工程项目管理理论是1982年才传入我国的。由世界银行贷款的鲁布革引水隧洞工程进行工程项目管理取得成功，在我国迅速形成了鲁布革冲击波。1988~1993年，在建设部的领导下，对工程项目管理进行了5年试点，于1994年在全国全面推行，取得了巨大的经济效益、社会效益、环境效益和文化效益。2002年国家实施《建设工程项目管理规范》GB/T 50326—2001，工程项目管理实现了规范化。2003年2月建设部《关于培育发展工程总承包和工程项目管理企业的指导意见》（建市[2003]30号）和2004年7月国务院出台的《关于投资体制改革的决定》，提出对非经营性政府投资项目加快推行“代建制”，即通过招标等方式，选择专业化的项目管理单位负责建设实施，严格控制项目投资、质量和工期，竣工验收后移交给使用单位。2006年国家修订实施了《建设工程项目管理规范》GB/T 50326—2006，2007年，“加速监理向项目管理过渡”的改革，相应的建设项目开展项目管理工作的也越来越多。

一、开展工程项目管理服务工程简介

哈尔滨工大建设监理有限公司作为一家专业从事工程监理和项目管理的单位，早在2003年9月至2005年9月期间，就对哈尔滨海关综合楼工程、哈尔滨海关驻机场办事处综合业务用房工程开展了项目管理工作，取得了成功，受到了好评。

2007年8月承接了由体育场、体育馆、游泳馆、网球场四部分组成的建筑面积7.64万m^2、工程总投资为3.5406亿元的营口奥体中心的项目管理工作。

2009年对哈尔滨群力新区金鼎文化广场项目开展了项目管理工作。该项目总占地面积12万m^2，地上总建筑面积约15.5万m^2，采用框架结构，为黑龙江省文化产业示范区的核心部分，包括艺术品市场、关东风情街、山水书城、影城、公共休闲区、少儿体验中心等，体现“寒地水乡”的生态、节能特色，建成后成为哈尔滨市新的旅游景区。

2011年为哈尔滨医科大学附属第一医院群力分院工程开展了项目管理工作。该项目总建筑面积10万m^2，其中地上建筑面积8.5万m^2，地下建筑面积1.5万m^2。

对这几个项目，基本上都是开展了下面的项目管理服务工作：

1.完成项目前期所需报建手续。

2.开展项目招标采购的基础性工作。

3.根据授权，代表建设单位对项目建设质量、工期、投资、招标采购、安全等方面，依照国家法律、法规和规章的有关规定及相应合同约定，对各参与方实施全方面、全过程控制与管理。

4.协调项目建设的内外部各方面关系；创造、维护与完善项目建设与施工条件。

5.组织竣工验收，协助建设单位及其委托的审计单位办理工程结算号权属登记。

6.完成建设单位委托的其他工作。

当然，这几个项目都同样最终实现了相应的质量、投资、工期等目标，达到了控制投资、提高投资效益和管理水平的目的。

二、项目管理机构设置

根据与建设单位签订的项目管理委托合同，对相应的项目，组建工程的项目管理部，设立包括项目经理、土建工程师、水暖工程师、电气工程师、造价工程师、市政工程师、计划工程师、软件应用工程师、文秘人员等在内的工程管理部、合约管理部、协调管理部，一般的项目管理组织机构。

在具体实施过程中，项目管理部的人员根据工程的实际进展情况实行动态按需配备；最多时由土、水、电、市政、造价工程师和项目管理专业工程师，以及文秘人员等10多人组成项目管理班子。公司非常重视该工程的项目管理工作，公司副经理长期亲自坐镇现场指导全面工作，并亲自抓项目的招投标前期准备和管理工作。此外，另派一名有二十多年甲方管理工作经验的土建高级工程师负责主持项目管理部日常工作；在主体结构、装饰装修等不同阶段分别配备有经验的工程师，对其项目进行全过程管理；对重大事项决策另行组织有关专家参与方案论证、审查，为决策提供依据。

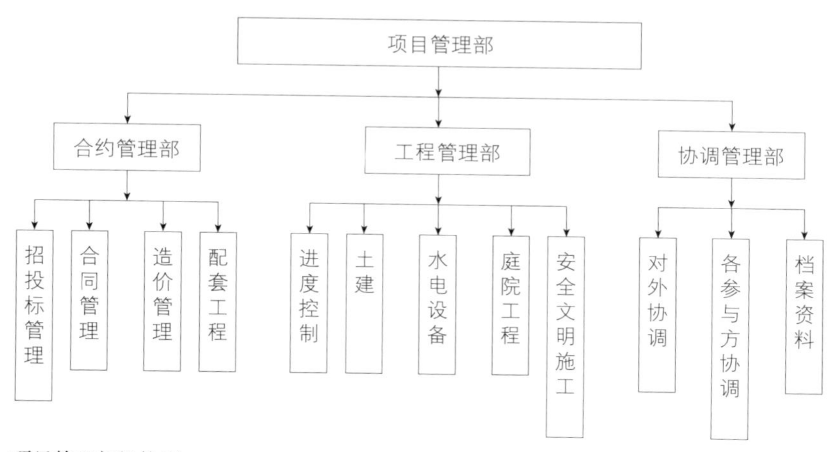

项目管理部机构图

三、项目管理工作内容

根据委托合同约定，项目管理工作主要内容为：协助确定项目建设目标、项目功能定位和设计标准，提出项目建设的技术建议；组织项目建设的优化设计；协助建设单位组织进行工程承包方、材料、设备供应商的招投标工作；负责项目建设全过程、全方位管理，包括进度控制、质量控制、投资控制、合同管理、信息管理、安全和文明施工管理，以及项目建设的组织协调工作；组织工程项目的竣工验收和试运转，并向建设单位办理移交手续；负责协助审核项目建设工程竣工结算；实施项目后评价。

项目管理服务期限是从开工之日起至工程竣工。工程质量等级要求达到一次验收合格。

四、项目管理实施中的主要工作

1.工程招投标工作

合同签订后，协调管理部的人员就立即投入工作中，在最短的时间内协助建设单位组织实施了包括招标文件编制、发布招标公告、招标答疑、开标、评标等各阶段的工程总包、分包和材料、设备等的招投标工作，促使建设单位选择较好的总承包单位、相关的分包单位和相应的材料、设备供应厂商，从参建主体队伍方面保证项目的顺利实施。

在大宗材料和设备采购上，同样自始至终坚持以招投标方式优选各类材料及设备的做法。

从队伍选择到材料设备选定的招投标过程中，不仅优选了队伍、材料及设备，同时为建设单位节省了大量建设资金。哈尔滨海关综合楼工程节约建设资金近800万元。此外，代表建设单位同相应的设计院进行有关技术变更的联系与沟通协调工作；代理建设单位完成了设计变更、有关设计方案审查认定工作。

2.日常管理工作

1）抓好源头基础性工作，严把事前控制关

工程施工前项目管理部人员首先熟悉图纸，相关规范、标准、工艺要求，做到心中有数，以掌握重点内容、部位，关键程序及要求；其次就关键部位事前对内外部相关人员进行交底，及时审查施工方案的可行性，施工技术可靠性和施工工艺的先进性，保证施工组织管理、施工操作、监管有依据、有尺度、有目标，规范各自的主体行为，保证工作质量及工程质量。

2）坚持按程序组织施工，把好施工过程的工程质量、安全关

施工程序是建设活动的自然规律，在按程序施工上，始终坚持原则。材料未经检验合格不得使用，在不具备施工条件时坚持不得盲目施工。

从项目施工开始，就确定了一次验收合格、争创三市金牌的质量目标，健全了各级质量保证体系。施工阶段质量控制是工程项目全过程质量控制的关键环节，工程质量优劣很大程度上取决于施工阶段的严格控制。工程质量控制，实际上是组织参加施工的各承包单位按图纸、合同和现行规范、标准等进行建设，并对形成质量的诸因素进行监测、核验，对差异提出调整、纠正措施的监督管理过程，这是项目工程管理部的一项重要职责。

施工中加大力度，依靠监理，把施工过程质量控制作为重点。每个阶段、每个时间段都及时地进行监管、巡视，突出重点问题，关键问题的解决，发挥监理、总包的主导作用，使质量、进度、投资、协调等工作顺利进行，并达到目标要求。

无论是主体框架、楼面钢筋绑扎，综合布线、混凝土浇筑，还是各专业工程安装及高级装修全面铺开阶段，通过及时分析、理顺工序间的关系及考虑施工上的方便和工期要求等，指导合理安排施工顺序，彻底解决了交叉作业、快速施工的矛盾，并对已完各类成品质量进行了很好的保护。

每周项目管理部会同设计、监理、施工单位召开工程例会，对工程中发生的质量、进度、签证、安全文明施工等问题进行通报，限期整改；从事项目管理服务的这几个工程至项目完成时未安全事故，确保了施工能够安全顺利地实施，而且有的工程项目获得安全文明施工样板工地和沈阳、长春、哈尔滨三市建筑安全联检工程银牌，以及沈阳、长春、哈尔滨三市优质工程金杯奖（金牌评比哈市第一名）。

3）采取各项措施严格控制工程投资

项目管理部采取各项措施积极控制工程投资。在工程实施过程对各种现场签证和材料价格进行审定，严格要求监理单位对发生的工作量进行复核；对市场价格进行询价比价，为业主把好资金关；协助审核项目建设工程竣工结算。如其中一个工程项目的室外供电方案一项，经过我们电气工程师的计算复核，将原方案中的两个800kVA箱式变压器改为两个630kVA箱式变压器就节约了100多万元；严格审核设计变更和控制现场签证，节省了将近300万元左右；整个工程优选队伍、材料、设备，到优化设计方案、严格审核设计变更和控制现场签证，为建设单位节省了建设资金近800万元。

五、结束语

目前建设监理主要是在对施工阶段进行监理，设计阶段和招标阶段的建设监理尚不成熟，因此较少实施。10年来公司为几个工程项目开展的项目管理服务工作，为业主提供了全过程和全方位的社会化、专业化项目管理服务，使得这几个项目都能够按期、保质、顺利地得到实施。

通过对几个工程实施项目管理工作，不仅充分发挥了公司的人才、专业和技术优势，积累了宝贵的经验和培养了人才，也获得了各建设单位的好评，为公司今后的发展开辟了新的方向。

监理公司不能仅仅满足于监理业务，要充分利用公司的现有人才和经验，为建设单位提供更多的服务。所以开展项目管理工作有着良好的发展前途，是监理公司今后发展的新方向。

可以说，我们对上述工程开展的项目管理工作是成功的、顺利的，建设过程阶段性目标、总体目标及最后验收交付使用目标都一一得以实现，得益于各建设领导单位的充分授权、各参建单位的全力配合与协同工作。

某涉外工程设计阶段项目管理

北京五环国际工程管理有限公司　王楠

摘　要　本文以某涉外营地建设项目为例，从项目管理方角度，分五个方面系统地介绍了涉外工程设计阶段所做的项目管理工作，之后笔者重点谈了参与该工程设计阶段项目管理工作的管理心得。

关键词　涉外工程　设计阶段项目管理

一、项目概况

项目位于非洲某国，为国内某大型央企驻该国营地，主要为满足该公司海外驻派人员的办公、住宿、餐饮、休闲等需求，考虑到资金投入等原因，项目按总体规划、分步实施的原则稳步推进，项目一期总建设面积约为5105m^2，主要结构形式采用钢结构、砖混结构，计划工期为一年。

项目所在地属热带草原气候，每年5~10月为雨季，气温20~40℃，当年11月至次年4月为旱季，气温30~50℃，日照强烈且常年风力不大。地下水位较浅，地质条件稍有差异，本项目所处地带在当地应属于地质条件较好地区，缓坡地带，表层土壤略带砂性，再往下一般为泥结石土层。当地基础设施条件落后，无国家级电力、通信网络，建筑工业基础薄弱，大部分建筑原材、生产设备及工具需从国外进口，且技术水平普遍较低。

从工程总投资金额、总建设面积及计划工期来看，本项目建设规模、体量较小，主要结构形式也属常见，但结合具体生产建设条件，从选材、选料、选工的局限性，以及方案可施工性及技术可行性等方面考虑，该项目具有一定复杂性。此外，当地政局震荡，社会治安条件较差，在项目前期及实施期需作统筹考虑。

项目主要参与方有业主总部、业主基建部、业主审计部、业主现场代表、项目管理方、工程总承包单位、新能源分包、设计院、施工总承包单位及材料/设备供应商（见项目管理组织结构图）。

二、项目管理介绍

作为项目管理方，在工程设计阶段，项目团队主要做了以下五个方面的工作：

1.投资控制

1）当地建筑市场不成熟，施工机械及人工费用差别较大，在方案设计阶段，工程总承包单位根据设计方案以及现场对于施工材料、施工机械、人工等单价的考察作出了项目总估算，我们对该项目总估算进行审核，供业主确定投资目标参考，并基于优化方案协助业主对估算作出调整；

2）在深化设计前期，参与审核项目清单及工程总承包单位提交的总概算，并积极与业主沟通，了解业主的投资目标，并在深化设计过程中关注投资计划的落实；

3）从设计、施工、材料和设备等多方面做了一些必要的市场调查分析和技术经济比较论证，并将《咨询考察报告》提交业主，对于可能突破投资目标的设计方案，协助设计人员提出解决办法，供业主决策；

4）认真仔细地组织并参与审图工作，重点检查设计的结构可靠性、经济性、建筑造型和使用功能、施工可实施性、材料选择等是否满足项目的需求。

2.进度控制

1）参与编制项目实施全过程总进度计划，有关施工进度与总包单位协商讨论；

2）参与审核设计方提出详细的设计进度计划和出图计划，并在过程中监督并控制其执行情况，避免发生因设计单位推迟进度而造成招标比选工作的推迟；

3）参与审核进口材料设备清单，并审核总包提交的主要甲供材料和设备的采购计划；

4）协助业主确定施工分包合同结构及招标方式；

5）协助设计单位，督促业主对设计文件尽快审定，协调彩板房结构及水电设计、室内装修设计、专业设备设计（新能源光伏电站、太阳能集中供热水、太阳能路灯、集成式净水过滤设备等）、车辆2S维修中心设计等与主体设计的关系，使专业设计进度能满足项目的需求。

3.质量控制

1）参与分析和评估建筑物使用功能、面积分配、建筑设计标准等，根据业主要求，组织专家召开方案评审会，编制详细的设计要求文件；

2）审核图纸、技术说明和计算书等设计文件，发现问题，及时向设计单位提出；

3）参与并组织审核各设计阶段的图纸、技术说明和计算书等设计文件是否符合国家有关设计规范、有关设计质量要求和标准，并根据需要提出修改意见，保证设计质量能够满足业主要求；

4）在设计进展过程中，协助审核设计是否符合业主对设计质量的特殊要求，并根据需要提出修改意见；

5）参与对新能源光伏电站、太阳能集成式热水系统、太阳能路灯、净水系统、弱电系统等设备系统的技术经济分析，并提出改进意见；

6）参与审核精装修、车辆2S维修中心、光伏电站钢结构部分设计与总体设计是否相符合，确保满足业主的要求；

7）参与审核施工图设计是否有足够的深度，是否满足可施工性的要求，以确保施工进度计划的顺利实施；

8）对项目所采用的主要材料和设备充分了解其用途，先后参与考察了彩板房厂家、集成房屋厂家、家具厂家，并作出市场调查分析，对发电机、储油罐、净水箱、弱电系统、光伏发电系统等材料和设备的选用提出意见，在满足功能要求的条件下，尽可能降低工程成本，获得业主的支持和认可。

4.信息管理

1）建立设计阶段工程信息编码体系；

2）建立设计阶段信息管理制度，并控制其执行；

3）进行设计阶段各类工程信息的收集、分类存档和整理；

4）运用公司计算机网络OA平台辅助项目的信息管理，实现数字化办公，方便内部信息沟通协调，并随时向业主提供项目管理各种报表和报告；

5）协助业主建立有关会议制度，并认真整理会议纪要；

6）督促设计单位按照相关建设工程归档资料的要求整理工程技术和经济资料及档案；

7）填写项目管理工作记录，每月向业主递交设计阶段项目管理工作月报；

8）将所有设计文档（包括图纸、

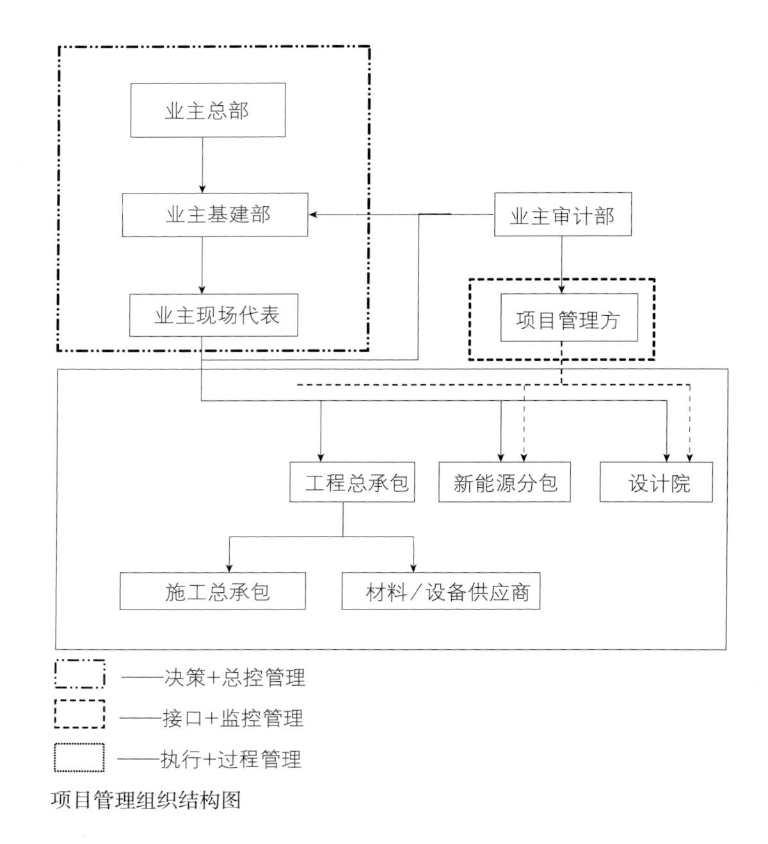

项目管理组织结构图

技术说明、来往函件、会议纪要和业主批件等）装订成册，以便于在项目结束后交业主。

5.组织与协调

1）协助业主协调与设计单位之间的关系，及时处理有关问题，使设计工作稳步推进；

2）协助业主协调设计与招标人（总包）之间的关系，使招标工作顺利进展；

3）根据业主、总包、设计、新能源分包、精装修、车辆2S维修中心要求组织项目专题讨论会，协调有关技术方面的问题并形成会议纪要分发各方；

4）根据业主要求，组织每周例会，将一周工作进展向业主汇报并提出需业主决策事项；

5）建立每周工作任务管理表格附于例会纪要分发各方，明确责任单位、完成时限，在过程中进行跟踪管理，有效的推动了项目的进展。

三、项目管理心得

通过对该项目设计阶段管理工作的参与了解，笔者不但在业务水平上有了不小的提高，而且在工作思路上积累了一些管理心得，下面就来具体谈谈。

1.做到及时沟通，理解业主需求

在做每项具体工作时，要及时捕捉业主想法，业主考虑问题角度较为多元，所以同样一件事情可能在不同的时期想法会发生变化，我们要善于捕捉这种变化，并展开进一步思考，多想想变化背后的原因，要想最有效地了解业主的想法必须真诚、及时地与业主沟通，不能片面抵触业主的多变，要理解业主也是一个团队，其要平衡团队各成员的想法和意见，而我们的存在即是通过沟通将业主的想法进行分析、判断、筛选，形成较为成熟的意见供业主决策，从而使其需求得到最大程度的满足。

就本项目主要用房的结构方案选择来说，前后经历了集成房屋（轻钢结构）方案、框架房屋方案，及最终确定的砖混房屋方案。以相同面积的三种房屋为例，在同样的建造条件下，从主要结构形式、外墙围护材料、建造成本比较及建造周期比较这四个维度进行简单对比，详见房屋方案对比表。

房屋方案对比

	集成房屋	框架房屋	砖混房屋
结构形式	轻型钢结构	框架结构	砖混结构
外墙围护材料	板材+保温棉	空心砖	实心砖
建造成本比较	低	高	低
建造周期比较	短	长	长

从技术理论来讲，这三种结构方案都是较为成熟的结构方案，对于本项目（二层办公、住宅楼）都是可行方案。一开始项目业主方急于入住，把工期压得很紧，所以集成房屋成为首选。过了一段时间一方面随着国外形势的变化，工期要求所占权重下降，另一方面经过业主、我方及总包方现场对于其他类似项目的实地考察，发现很多建成后的集成房屋墙板之间缝隙总有老鼠藏匿，当地流行鼠疫，这样很不卫生。再有当地时有局势冲突，从安全角度考虑，相比于集成房屋，框架结构和砖混结构的砖墙围护体系在防御流弹方面效果较好；于是综合考虑放弃集成房屋，在框架结构和砖混结构之间进行选择，两种结构主要的差别在于围护材料不同，框架结构选用空心砖，而砖混结构则需要选用实心砖。当地制售的砖块多为水泥砖，由于水泥不能自产，需从邻国进口，因此价格较高，故而当地作坊多偷工减料，砖块强度较低，于是当地两层以上多采用框架结构。所以确定采用框架结构，貌似通过上述分析框架结构方案已经板上钉钉了，但就在一个月之后，业主又决定选择砖混结构方案。这是为什么呢？原来业主当地分公司筹划自建砖厂，砖块的质量、强度有了保证，再加上砖混结构方案造价要低于框架结构方案，自然也就不难理解业主的用意了。

2.重视实地考察，切忌闭门造车

一般来说，大型央企在国外买地建房、破土动工，其商业投资行为的背后往往带有一定的政治色彩。因此，这类涉外项目原则上只许成功、不许失败。加之国外人生地不熟，工程风险具有不可预见性，为了能够使项目风险降到最低，设计阶段闭门造车是不可取的，前期的实地考察一定要重视。

具体到本项目，通过组织调研团队深入项目所在地，先后对当地建材市场、营地现场及其他类似中资项目进行调研、座谈、实地踏勘，对前期设计进行了反馈。

如地基和基础。当地不具备地基勘探条件，根据现场实地考察，总体来讲，地下水位较浅，地质条件稍有差异，参考当地其他在建项目，地基承载力按照150MPa考虑没有问题。此外当地不需考虑抗震，对基础埋深和钢筋含量的计算和设计应在保证安全的前提下尽可能取下限值。

又如储油罐放置方案。本项目供电系统拟以太阳能光伏发电为主，辅以柴油发电作为补充。关于储油罐的选用和放置，通过对当地已建成营地项目的考察，储油罐的放置方案有地上和地下两种方案。从技术角度考虑，两种方案都可以实现；但从安全角度考虑，当地营地凡采用地上方案都对储油罐进行了二次改造，对墙体和屋顶均增加了混凝土防护，鉴于形势，两种方案在经济方面不相上下，甚至地上方案略高于地下方案。

再如净水箱方案。设计方在初步设计阶段采用现场氩弧焊不锈钢净水箱，但通过考察发现当地多采用整体集成式水箱，即将不锈钢水箱在原厂安装、调试好，到现场经简单安装可直接投入使用，技术可靠性较高；而现场氩弧焊不锈钢净水箱需要现场制作，对工人、施工机具要求较高，施工难度相对较大。

这样的例子还有很多，通过国外考察反馈，国内设计技术复核，可以较好地解决前期不合理的设计，规避一定方案及设计风险，为今后减少施工现场设计变更、保证工期、提高项目经济效益奠定良好的基础。

3.重视投资控制，强调实用设计

在规划设计阶段，影响项目投资的可能性为75%~95%，在技术设计阶段为35%~75%，而在施工阶段，通过技术经济措施节约投资的可能性只有5%~10%。由此可见，决策及设计阶段是影响工程投资控制管理最重要的阶段，是节约成本最佳的阶段，也是成本控制的重点阶段。我们在设计阶段中应当如何通过管理实现投资控制呢?

本项目涉及一部分彩板房和太阳能支架，一开始由设计院进行基础设计，设计院结构设计人员按照常规计算方法进行设计，采用柱下独立基础、墙下条形基础方案，且选用的基础尺寸及配筋较为不经济。诚然，从设计方角度考虑，在现行体制下，建筑物结构设计是终身负责制，换言之，一旦建筑物结构质量出现问题，若非施工原因造成，皆由结构设计工程师负责，因此，结构设计工程师往往习惯于将结构可靠安全性作为结构设计的首要考虑因素，经济性是放在其次的；而从业主方角度考虑，总是希望以最小的投入换取最大的价值，考虑得更多的是经济性。我们作为项目管理方，受聘于业主，凭借技术优势进行项目管理，做得更多的是平衡业主方与设计方的想法，通过方案论证、技术协调，在保证技术可靠安全性的前提下尽可能地满足业主的经济性诉求，追求设计的实用性。在本例中，如此不经济的基础方案是业主方所不能接受的，但设计院强调按照规范要求设计也无可厚非，于是我们变换思路，通过接触彩板房及太阳能支架供应厂家，向其了解以往案例中基础的一般做法，结合项目实际对原基础方案进行优化设计，该优化方案较之原方案更加实用、经济，又能够满足项目可靠性需求，最终业主对该优化方案进行了书面认可，也对我们的工作表示满意。

4.利用管理手段，做好进度控制

“运用系统的理论和方法，对建设工程进行的计划、组织、指挥、协调和控制等专业化活动，简称为项目管理。”

通过做这个项目，重温上述关于项目管理的解释，笔者的体会是：作为业主方聘请的项目管理方，除了“指挥”工作外，在进度、质量、安全及预算方面，我们的工作内容无非就是通过“计划”、“组织”、“协调”从而最终实现“控制”。

从业主方提出设计需求到设计方提供完整施工图，这其中经历了方案初步设计和施工图设计两个大的设计阶段，具体到每一版图纸的设计、审校、审核和审定都是在一定要求时限内完成的，由于涉及主体设计、室内装修设计、设备专业设计等，我们首先结合各方设计工作量的大小、工作前后顺序及业主关于进度的要求制定出各方都签字认可的进度计划跟踪表，列明项目、期量、责任方及协助方，并明确罚则。这里注意，制定该进度计划表不仅要考虑设计工作的动态连续性，还要考虑工作与工作之间合理的交叉，如电气专业与水道专业的交叉，设计工作与审图工作的交叉，只要安排合理都是可以实现的，这样做的目的是大大提高设计效率，缩短设计进度。其次，在设计过程中跟踪完成情况及时汇报业主，并对各设计阶段影响进度的关键节点进行控制。具体来说，要先对设计阶段涉及的所有时间节点进行筛选，然后通过识别，明确建筑专业提图时间、下行专业完图时间、各专业审校图时间、最终出图时间等关键节点。对于关键节点，我们在节点日期前三天对责任方进行预警，若责任方认为到期无法完成可通过书面工作联系单的形式说明未完原因及拟完成时间，我方收到工作联系单后会第一时间提出关于该项工作进度协调的建议并向业主汇报。此外还通过每周组织进度会的形式协调各方设计进度，以解决各方进度衔接方面存在的问题。最后，在节点日期当天将已完工作汇报业主并请示下一步工作计划，若某工作到期未完且之前未收到责任方关于该项工作进度的工作联系单，则于下班前将该情况汇报业主并予以记录，并由业主决定是否或何时启动罚则。

四、结语

总体来讲，由于我们团队积极的项目管理服务，不仅使得该涉外工程设计工作推进得较为扎实，获得业主及参建各方一致认可和好评，还为今后开展类似项目管理工作、提供工程咨询服务积累了宝贵经验。

加大节能减排力度　努力改善大气环境

郭允冲

曾任住房城乡建设部副部长，现任中国建设监理协会会长

最近两年来，北京等城市大气污染比较严重的现象引起了大家的极大关注。在正常情况下，大气中对植物生长有利的氮的含量约占78%，对人类、动物有益的氧的含量约占21%，还有，0.03%的CO_2和其他极少量的成分。本来不属于大气的有毒有害的成分增加得比较多，就不利于动植物的生长，不利于人类的健康生活。大气污染从最终来源可分为：自然的，如火灾、火山爆发等；人为的，如工业废气排放、汽车尾气等。从污染源的存在状态可分为：气溶胶状态污染物，如粉尘、烟雾等；气体状态污染物，如二氧化碳（CO_2）、二氧化硫（SO_2）、氮氧化物等。据研究统计分析，这些污染物主要来自人为的工业废气排放、汽车尾气、工程施工粉尘等。大气是流动的，大气层分为对流层、平流层、电离层，地面以上至11km为对流层，对流层集中了大气3/4的质量和90%的水汽，大气的活动主要在对流层。因此，一般认为少量的大气污染主要发生在污染源产生的城市及其附近上空，而大量的长期的大气污染会在对流层大范围内流动，有的会形成全球性的污染。最近几年来，党中央、国务院非常重视节能减排，也取得了一些成效，但节能减排、治理大气污染的任务仍然非常艰巨。《大气污染防治行动计划》提出，到2017年，可吸入颗粒物比2012年下降10%，京津冀分别下降25%、20%、15%左右，北京市PM2.5要控制在60μg/m^3。而2014年PM2.5平均浓度，北京、天津为86，石家庄为123。

一、大气污染、工业排放多的主要原因

1.多年来我国经济粗放发展

从2005年至2012年，我国GDP年均增长约10%，能源消费总量年均增长6.3%，CO_2排放量年均增长5.7%。2012年我国GDP占世界的11.47%，而CO_2排放量达86亿t，约占世界的25%；SO_2排放2117万t，约占世界排放的26%，

氮氧化物排放2338万t，约占世界的28%。从单位GDP能耗看，2011年我国约为世界平均水平的2倍，美国的2.4倍，德国、法国的4倍，日本的4.5倍。

2011年主要国家单位GDP一次能源消费量
（吨标准油/千美元）

世界	中国	美国	德国	法国	日本
0.18	0.36	0.15	0.09	0.09	0.08

2.工业结构不合理，高能耗、高污染的工业比重过大

从2000年至2011年，工业废气排放从13.8万亿m^3增加到67.5万亿m^3，年均增长19.06%。煤炭消费比例过大，燃煤发电占总发电量的77.8%，燃烧1t原煤约产生1.9tCO_2，我国燃煤产生的CO_2占全部CO_2的77.8%。钢铁、水泥产量比例过大，据分析SO_2来源，燃煤发电占47.52%，钢铁占10.64%，水泥占13.26%。2012年我国GDP占世界的11.47%，钢产量占世界的46.3%，水泥产量占世界的57.8%。而京津冀特别是河北省产业结构更不合理，2012年河北省钢产量达2.1亿t，占全国22%，2005年至2012年钢产量年增长18%。

3.城市建设工程建设粗放

前面说过，我国GDP占世界11.47%，水泥占57.8%，钢材占46.3%，而钢材中约48%是建筑钢材，水泥、建筑钢材主要是用于城市建设工程建设的，为什么要消耗这么多的水泥、钢材？值得研究，值得思考！

城市建设工程建设粗放表现在以下几个方面：一是城市规划缺乏科学性、可操作性、前瞻性、严肃性、权威性，朝令夕改，经常变来变去，特别是市委市政府主要负责同志调整后容易出现这种情况。二是城市规划城市建设的标准不高。三是各行业各专业之间统筹协调性差，突出的是各种地下管线各搞各的分别下地，如上水、下水、燃气、强电、弱电各搞各的，弱电三家电信企业也是各搞各的，造成大量重复建设，造成大量浪费。大家可以看到，因为地下管线施工或维修，很多马路经常开挖，老百姓戏称马路应该装上拉链。四是工程建设质量总体不高，各类质量通病、质量问题还比较多。有人形容我国城市建设是十二个字："建得快、拆得快，拆得快、建得快"。我国标准规范规定，一般房屋建筑的设计使用寿命为50年，重要建筑设计使用寿命为100年。而正是由于上述原因，我国城市建筑的实际使用寿命远达不到这个标准，有的认为我国城市房屋建筑实际寿命约只有二三十年。

假如一个建筑100年不拆，在这100年里只产生一个单位GDP，只消耗一个单位的能源、原材料，只造成一个单位的污染；如果100年内拆了重建四次（假设建筑规模不变），则产生了五个单位的GDP，消耗了五个单位的能源、原材料，造成了五个单位的污染。

4.汽车发展快

2014年底我国机动车保有量达2.64亿辆，其中汽车1.54亿辆，2005年至2014年机动车保有量年均增长约9.4%，其中汽车年均增长约19%。

5.有的节能减排的政策导向不够清晰

如天然气是清洁能源，理应在政策上促进天然气的发展，但多年来价格不合理，价格没有放

开，进口、国内消费价倒挂，进口价为2.64元/m^3，国内消费价为2.4元/m^3（如果按热值计算应为9元/m^3左右），不利于促进生产。还比如，钢材、水泥等高能耗、高污染的产品要限制出口，而我们还在大量出口，2014年出口钢材9378万t，2013年出口水泥1454万t。

二、大张旗鼓地节能减排，努力改善大气环境

首先要大力宣传经济粗放发展的严重后果，造成消耗大量能源，造成大量废气排放、大气污染，给动植物的生长、人类的健康生活带来当前的长远的很多危害，要宣传节能减排的严峻形势、艰巨任务，从而提高全社会节能减排的意识，每一个公民都要从自身做起，崇尚节约、崇尚节能、崇尚环保。

二是要真正大幅度调整产业结构，要把高能耗、高污染的产业如水泥、钢铁等过大的比例逐步降下来，真正大幅度地调整能源结构，大力发展风电、太阳能等绿色能源，逐步减少煤电比例。

三是国家要制定各行各业更加严格的节能标准、更加严格的排放标准，并严格监督执法，对达不到节能减排标准的企业坚决让其停工停产。要放开天然气价格，大力开展天然气的勘探开发，增加天然气产量。要严格限制高能耗、高污染产品的出口。

四是城市建设工程建设要大力实施节能减排。要大幅度提高城市规划、城市建设标准，提高城市规划的科学性、前瞻性、可操作性及其严肃性、权威性；要提高城市道路、桥梁、房屋建筑的设计标准，提高设计寿命，如把一般房屋建筑的设计寿命从50年提高到100年，把重要房屋建筑的设计寿命从100年提高到200年。要提高城市建设工程建设的立法层次和执法层次，对达不到标准擅自建设的和达不到设计寿命擅自拆迁的，要进行严厉处罚包括刑事处罚。只有这样，才能大幅度减少乱拆乱建，大幅度减少重复建设，大幅度减少能源原材料的消耗，大幅度减少排放和污染。

五是要大力发展地铁等公共交通，努力和合理控制小汽车的发展。

六是要大规模地绿化造林。大面积的森林绿化可以从生态上改善环境，况且植被与气候是相互依存的，要么良性循环，要么恶性循环，植被越好，越是风调雨顺，越有利于植物生长；植被越不好，雨水就越少，越不利于植物生长。表面上我国森林覆盖率为21.63%，但其质量是不高的，很多都是小树小草，是果林等经济林，大面积的高大乔木的生态林不太多。因此，要坚持长期的、大幅度的、大规模的植树造林，努力逐步从生态上改善大气环境。

监理增值服务的创新实践与探索

上海建科工程咨询有限公司　钟海荣

摘　要　监理企业提供的是高智能的技术服务产品，如果服务产品没有价值，在取消强制监理后很多监理企业必定无法生存，为此，只有在服务产品上进行创新，利用监理的专业能力来提升监理的服务价值，才能获得业主的青睐。中海油大厦（上海）项目工程在增值服务上进行了大胆的尝试，在严格履行监理合同的前提下，开展了监理的增值服务工作，对中海油大厦上海项目建设工程实施全过程、全方位的监理，即从项目前期阶段，到设计阶段、施工招标阶段、施工阶段和工程保修阶段都实行增值服务工作，取得了良好效果。

关键词　增值服务　策划　专业工程师

一、项目概况

中海油大厦（上海）项目是中国海洋石油总公司（下称“中海油”）投资24亿元新建的5A级办公楼，定位为中国海洋石油总公司华东地区总部，旨在服务东海石油的勘探、开采、运输、销售等产业，内设办公、会议、生产指挥、应急指挥、数据灾备、卫星通信、档案、餐饮、商业、宾馆等功能。

本项目位于上海市虹桥临空经济园区9-2及9-3地块，地处金轮路以东，朱家浜以南，协和路以西，通协路以北，总用地面积约4.8万m^2。由1栋主楼与4栋副楼通过连廊围合而成，总建筑面积约15.8万m^2，其中地上9层，建筑面积约9.6万m^2，地下2层，建筑面积约6.2万m^2，项目限高40m。

项目自2009年11月取得土地使用权，2010年7月立项，2012年7月开工，2014年12月实体完工，2015年5月竣工验收并移交。

二、项目特征分析

1.建设单位特征

1）管理意识高

中海油作为国内最大海上油气生产单位，是我国较早开展海外业务的公司。公司文化大量借鉴了大型跨国企业的精华，管理人员普遍具备较高的管理意识，工作思路逻辑性强，对承包商、供应商的人员素质、履约能力、后台资源等方面均有着很高的要求。

2）管理人员不足

由于中海油主营业务非项目建设，内部缺少相应的人才，加上该企业薪酬、编制以及未来发展等方面原因，社会招聘难度大，本项目建设单位（下称“业主”）人员中，与项目建设直接相关的管理人员严重不足，参与工程管理的人员与建设规模严重不匹配，工作强度大，工作效率低。

3）项目经验不足

从机关到项目组，业主方人员均无大规模项目建设经验，更无上海本地项目建设经验，对开发流程、报批报建、采购环境等均无认识，属于“摸石头过河”，难以实现项目各类管理目标。

2.参建单位特征

1）参建单位数量多

本项目参建单位众多，除主体设计、施工总承包、监理单位外，尚有精装、弱电、园林、泛光、厨房、档案、标识等专项设计，亦有机电、幕墙、精装、弱电、BA、消防、钢构、预应力、泛光、园林等专业施工，还有结构、幕墙、绿建、BIM、精装、机电、物业等咨询顾问单位；最后，还有大量的设备、材料供应商等。

问题：大量承包商、供应商、顾问单位集合在一起，难免出现工作交界面增加、信息不对称、沟通障碍等问题，增加业主协调工作量。

2）参建单位质量高

本项目受关注程度较高，且业主在国内有着较好的社会形象与声望，相关参建单位也多为国内一线单位。除我单位外，本项目主体设计单位为北京院，专项设计有金螳螂、清华同方等；总承包为中建八局，安装公司为中建安装与中建电子，装饰公司为中建装饰、东方装饰以及深圳洪涛等；顾问单位有CCDI、旭密林、深圳建科院等；供应商基本为国内外知名品牌，如开利、东芝、蒂森克虏伯等。

问题：因各方均为国内外一线单位，工作交流期间更容易因价值不认同或技术认识偏差而出现“僵持”局面，加上部分单位不在上海，对上海本地环境及常规做法不熟悉，增加业主协调工作量。

3.项目目标特征

本项目作为中国东海石油开发的总指挥部，战略意义重大，项目的品质与进度受到各方的关注，为此，建设单位制定了很高的工程建设目标，如此，必然对管理水平有很高的要求，通过对进度、质量、费用、安全等目标特征分析，找出控制难点，管理目标情况见表。

工程目标	目标特征分析	管理控制难点
进度管理目标	施工期两年半，年度里程碑考核点完成100%，每月实际完成进度值与计划完成值偏差小于8%	工期的超压缩，使得建设周期短、考核要求高，对管理的组织带来严峻的考验
费用管理目标	项目建设费用控制在概算范围内，年度投资预算完成率不低于95%，严格控制计划外支出	投资控制严格，要求年度费用支出预测准确度高
质量管理目标	分部分项、检验批的一次验收合格率90%以上，无重大质量事故。取得北京市优秀工程设计奖、上海市“白玉兰”奖，力争“申安杯”奖、“鲁班”奖	建设周期短、成本限定的前提下，拟实现的目标奖项含金量高，与进度、安全形成对压
安全管理目标	坚持“安全第一、预防为主”的方针，要求所有参建单位安全零事故	业主重视社会形象，“天”字号工程，以海洋工程标准要求土建工程建设
采办管理目标	确保合同体系符合工程特点，覆盖全部工程任务，并确保合同额控制在相应的批复概算内	项目周期长，招标环境复杂、未知情况多的前提下，要求合同数量完整，价格可控
资料管理目标	运用信息技术，建立健全信息及档案管理体系，确保资料、档案在收集、保管和利用期间的完整性、有效性、规范性和安全性	建设周期长，参建单位多，过程资料繁杂
新兴技术目标	绿建目标：国家二星级绿色建筑设计标识及运营标识、美国LEED金奖	目标内容多，技术要求高，相关单位多，协调难度大

特征		对策
业主	管理意识高、管理人员不足、项目经验缺乏	· 建立组织架构，根据业主情况配置专业工程师，要求经验丰富、技术过硬、有良好的沟通能力 · 增值服务团队由公司领导牵头，对接业主高层，吸收管理意识与要求，做好团队培训交底
参建方	参建单位数量多、质量高、异地化，导致界面增加、信息不对称、认知不同等问题，增加业主协调工作量	· 制定责任矩阵，获得业主授权，明确每项工作的分管领导、牵头人、参与人、配合人 · 各牵头人在分管领导的组织下完成工作界面梳理，承担管辖专业范围内的协调工作
项目目标	各类项目目标普遍高于同类项目	· 根据项目目标，明确工作内容及相应的工作目标

三、增值服务的基础工作

1.策划工作思路

增值服务是根据建设单位的基本特征和内在需求，为建设单位提供超出监理常规服务范围的服务，如何制定基本工作思路——结合业主与相关参建单位的项目目标特征，以实现业主项目管理目标为导向，针对性制定工作对策，形成增值服务的工作思路（见表）

2.建立组织架构

根据业主单位的人员配置情况，综合分析业主的人员状况，管理思路和方法，找出需要加强的管理点，我公司选派经验丰富、技术过硬的专业工程师进驻业主项目团队，作为业主力量的补充，形成完整的项目管理体系。

3.制定责任矩阵

人员进驻业主团队以后，首先要解决产权归属问题，因为本项目合同为监理服务合同，进驻

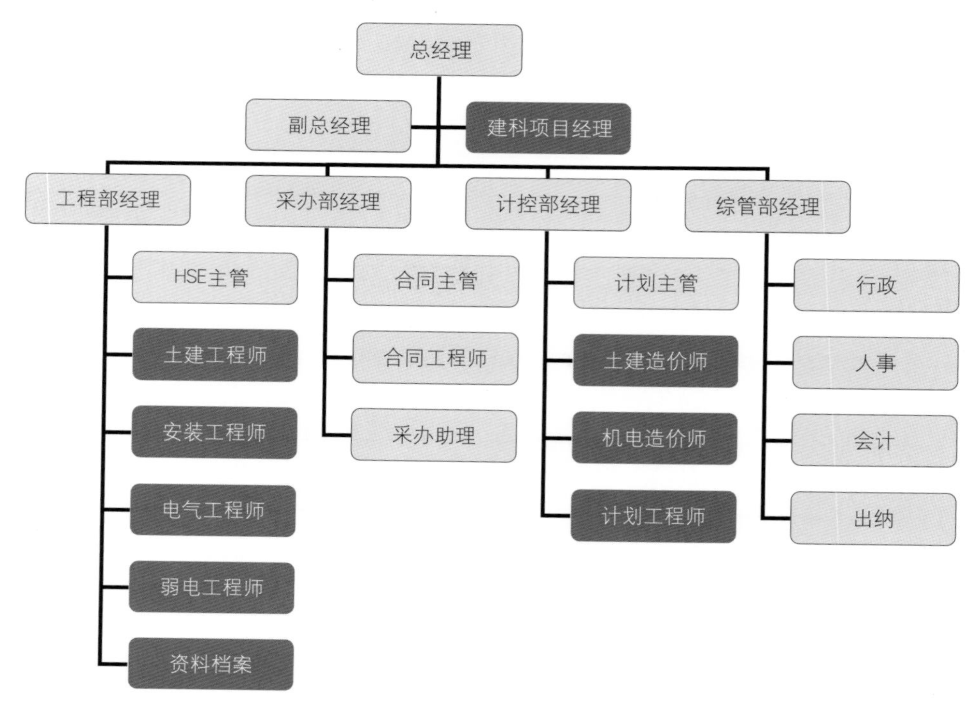

组织架构图

岗位职责分配矩阵表（2013年3月版）

序号	部门	项目组领导			工程技术部								计划控制部				合同采办部			
	工作内容	陆建忠	崔来强	钟海荣	贾元迪	茅 华	游 莉	吴富军	王秋丽	陈 旭	陈明亮	沈晓萍	齐 淼	黄鑫	马家驹	狄蓓蕾	李 明	严 兴	李振霆	苗 楠
1	工程管理		Z																	
1.1	质量管理				P	Q	P	C	C	C										
1.2	安全文明管理					Q				C	C									
1.3	现场协调				P	Q		C			C									
1.4	工程文档管理											Q								
2	技术管理			Z																
2.1	建筑、结构				P			Q												
2.2	给排水、暖通						P		Q	P										
2.3	强电工程						P			Q										
2.4	弱电智能化						Q		P	P										
2.5	幕墙工程				P			Q												
2.6	精装修工程				Q		P	C	P	P										
2.7	景观园林				Q			P												
2.8	泛光照明				Q					C										
2.13	标识标牌				Q		C	P		P										
2.9	厨房工艺				P				Q	C										
2.1	市政配套				P		C		C	Q										
2.11	BIM技术				Q							P		C						
2.12	绿建技术				Q	C		P	P	P				C						
3	计划控制		Z																	
3.1	土建装饰费用控制				P								Q			C	P			
3.2	机电安装费用控制				P								Q		C		P			
3.3	付款管理												Q		C	C				C
3.4	进度控制				P	P						P	P	Q	P	P				
3.5	台账文档管理												P		P	P				Q
4	合同采办		Z																	
4.1	采办管理				P								P				Q	C	C	C
4.2	合同管理				P								P				P	Q	C	C
4.4	供应商管理																P	P	Q	P
4.3	台账文档管理																P	P	P	Q
5	综合管理	Z																		

的人员依然是监理的技术人员，在日常工作中的职能分工必须融入业主的项目管理体系当中，在操作中依据各个专业领域划分具体工作，制定责任矩阵，把部门工作内容详细列出，分成工程管理、技术管理、计划控制、合同采办、综合管理等，再把各部门的分管人员分成主管领导（Z）、牵头负责（Q）、参与执行、（C）配合协助（P）形成，以此开展日常工作。

1）主管领导（Z）：对总经理负责，主管相关工作，协调相关人员。

2）牵头负责（Q）：对部门经理负责，作为该项工作的牵头人，负责对接相关单位，统筹安排该项工作，可以要求相关人员执行或配合协助。

3）参与执行（C）：对牵头人负责，与牵头人一起完成该项工作，接受牵头人指派的该项工作范围内的任务。

4）配合协助（P）：给牵头人或参与执行人提供该项工作范围内必要的协助。

4.明确工作内容与工作目标

针对每类管理内容，细致地列出为实现该目标所包含的工作内容，同时，针对各项工作内容，制定出工作目标，以便检验、考核。

工作内容		工作目标
进度管理	编制《项目管理执行计划》	内容精炼、切合实际、操作性好
	编制各级进度计划	内容完整、逻辑准确、周期合理
设计管理	建立沟通协调机制	确保主体与专项契合、确保咨询与设计沟通顺畅
	帮助业主剖析企业文化	确保项目符合企业形象与文化
	用户需求管理	内容应具备完整性、合理性、前瞻性
	政府要求管理	内容完整，包含各阶段政府职能部门要求
	阶段设计质量管理	明确目标、整合输入内容、绘制流程图、分析关键影响因素、制定对策、审查阶段设计成果
采购管理	采办包划分	确保采办包划分合理、全面
	招标文件编制	确保工作内容、工作界面、技术要求、商务条款、评标办法内容合理、表述清晰
施工管理	技术协调	及时解决或反馈设计解决
	工作界面协调	及时协调解决工作界面，确保不影响工期、费用
	变更技术论证	确保变更内容合理，技术可行
	深化设计审核	减少专业矛盾，确保合理可行，符合原设计理念
	专项施工方案审核	内容应符合相关规范、标准
	设备与材料核查	是否符合设计要求与招标要求
	重点、难点部位交底与检查	确保施工人员领会设计意图
	BIM成果审核	确保BIM成果精准
费用管理	参与编制资金计划	确保资金计划合理，确保预算完成度95%
	协助概算审批工作	确保概算项目完整、价格合理可控
	进度款支付审核	确保工程量属实
	变更价格审核	确保变更价格合理、可控
	竣工结算审核	确保结算可控
资料管理	业主前期资料梳理	确保前期资料完整
	建立资料收发台账	确保往来资料台账记录清晰，建立追讨机制

四、增值服务的具体实施

1.进度管理

1）协助业主编制《项目管理执行计划》

《项目管理执行计划》作为项目管理的总纲要，作为指导项目管理的纲领性文件，具体包括明确项目管理目标、组织结构与职责、管理制度、招标采办策略、总控进度及费用、项目管理程序等。

2）协助业主编制各级进度计划

具体包括一级计划（项目进度总控计划）、二级计划(专业工程进度计划)、三级计划(执行计划)三个层次划分。其中三级计划还包括设备采购计划、突击工作计划等。

2.设计管理

1）建立沟通协调机制

因专项设计、咨询顾问单位数量众多，容易产生信息传递不畅、信息不对称现象，增值服务团队帮助业主建立了沟通协调机制，如明确各单位信息出入口、建立周月报制度、建立设计协调会制度、咨询公司例会制度、监督相关方使用项目协同平台等。

2）帮助业主剖析企业文化

通过对业主企业性质、精神、社会责任、核心发展战略、价值观等内容的学习与总结，提炼出企业文化关键词，与业主探讨，形成设计要点。

3）用户需求管理

定义三类需求：基本型、期望型、兴奋型，帮助业主收集、分类管理需求。

①基本型需求：用户认为理应具备的需求，如规范、面积等，不满足会很不满意。——检查基

一级计划（总控进度计划）表

	WBS	任务名称	工期	开始时间	完成时间	前置任务
1	1	**项目前期研究阶段**	**632 工作日**	**2009年11月1日**	**2011年7月25日**	
2	1.1	**项目建议书**	**115 工作日**	**2010年5月16日**	**2010年9月7日**	
3	1.1.1	项目建议书编制	78 工作日	2010年5月16日	2010年8月1日	
4	1.1.2	项目建议书报批/备案	37 工作日	2010年8月2日	2010年9月7日	3
5	1.2	**办理用地规划**	**549 工作日**	**2009年11月1日**	**2011年5月3日**	
6	1.2.1	签订《土地使用权出让合同书》	37 工作日	2009年11月1日	2009年12月7日	
7	1.2.2	申领《建设用地规划许可证》	10 工作日	2011年4月24日	2011年5月3日	
8	1.3	**初步地质勘察**	**60 工作日**	**2010年11月1日**	**2010年12月30日**	
9	1.3.1	确定勘察单位	30 工作日	2010年11月1日	2010年11月30日	
10	1.3.2	勘察工作实施	30 工作日	2010年12月1日	2010年12月30日	9
11	1.4	**建筑设计方案**	**427 工作日**	**2010年3月16日**	**2011年5月16日**	
12	1.4.1	概念设计方案招标	198 工作日	2010年3月16日	2010年9月29日	
13	1.4.2	概念设计方案优化、深化	183 工作日	2010年9月30日	2011年3月31日	12
14	1.4.3	概念设计方案专项审查（政府部门）	15 工作日	2011年4月1日	2011年4月15日	13
15	1.4.4	概念设计方案报批/获《建设工程设计方案批复	31 工作日	2011年4月16日	2011年5月16日	14
16	1.5	**项目前期手续办理及报批**	**386 工作日**	**2010年6月25日**	**2011年7月15日**	
17	1.5.1	报发改委备案	7 工作日	2010年6月25日	2010年7月1日	
18	1.5.2	市政部门征询及报批	45 工作日	2011年6月1日	2011年7月15日	
19	1.5.3	环境影响评价及报批	180 工作日	2010年12月31日	2011年6月28日	
20	1.6	**可行性研究报告**	**267 工作日**	**2010年11月1日**	**2011年7月25日**	
21	1.6.1	可行性研究报告编制	150 工作日	2010年11月1日	2011年3月30日	
22	1.6.2	可行性研究报告报批/备案	55 工作日	2011年6月1日	2011年7月25日	
23	2	**设计与计划阶段**	**471 工作日**	**2011年4月17日**	**2012年7月30日**	
24	2.1	**详细地质勘察**	**167 工作日**	**2011年4月17日**	**2011年9月30日**	
25	2.1.1	招标确定勘察单位	50 工作日	2011年8月12日	2011年9月30日	
26	2.1.2	勘察工作实施	60 工作日	2011年4月17日	2011年6月15日	

二级计划（专业工程进度计划）表

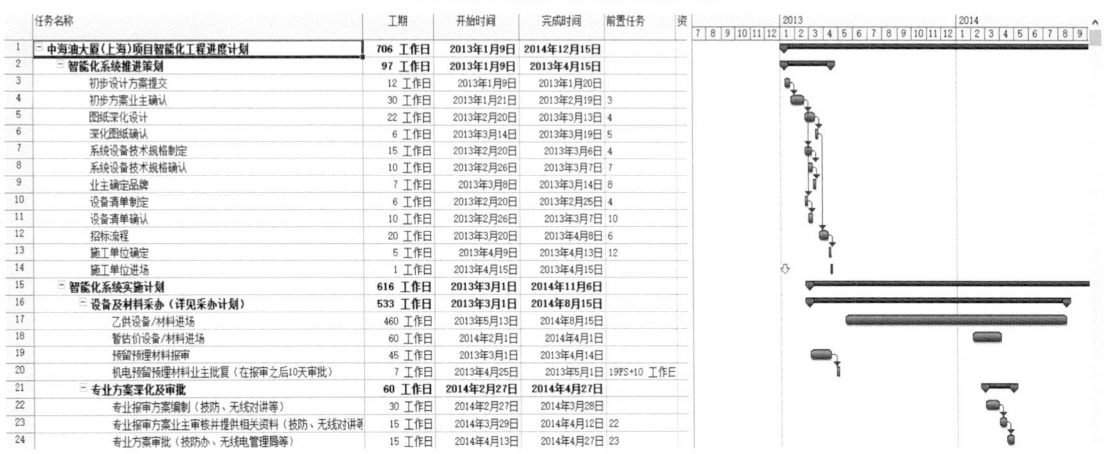

	任务名称	工期	开始时间	完成时间	前置任务
1	**中海油大厦(上海)项目智能化工程进度计划**	**706 工作日**	**2013年1月9日**	**2014年12月15日**	
2	**智能化系统推进策划**	**97 工作日**	**2013年1月9日**	**2013年4月15日**	
3	初步设计方案提交	12 工作日	2013年1月9日	2013年1月20日	
4	初步方案业主确认	30 工作日	2013年1月21日	2013年2月19日	3
5	图纸深化设计	22 工作日	2013年2月20日	2013年3月13日	4
6	深化图纸确认	6 工作日	2013年3月14日	2013年3月19日	5
7	系统设备技术规格制定	15 工作日	2013年2月20日	2013年3月6日	4
8	系统设备技术规格确认	10 工作日	2013年2月26日	2013年3月7日	7
9	业主确定品牌	7 工作日	2013年3月8日	2013年3月14日	8
10	设备清单制定	6 工作日	2013年2月20日	2013年2月25日	4
11	设备清单确认	10 工作日	2013年2月26日	2013年3月7日	10
12	招标流程	20 工作日	2013年3月20日	2013年4月8日	6
13	施工单位确定	5 工作日	2013年4月9日	2013年4月13日	12
14	施工单位进场	1 工作日	2013年4月15日	2013年4月15日	
15	**智能化系统实施计划**	**616 工作日**	**2013年3月1日**	**2014年11月6日**	
16	**设备及材料采办（详见采办计划）**	**533 工作日**	**2013年3月1日**	**2014年8月15日**	
17	乙供设备/材料进场	460 工作日	2013年5月13日	2014年8月15日	
18	暂估价设备/材料进场	60 工作日	2014年2月1日	2014年4月1日	
19	预留预埋材料报审	45 工作日	2013年3月1日	2013年4月14日	
20	机电预留预埋材料业主批复（在报审之后10天审批）	7 工作日	2013年4月25日	2013年5月1日	19FS+10 工作E
21	**专业方案深化及审批**	**60 工作日**	**2014年2月27日**	**2014年4月27日**	
22	专业报审方案编制（技防、无线对讲等）	30 工作日	2014年2月27日	2014年3月28日	
23	专业报审方案业主审核并提供相关资料（技防、无线对讲	15 工作日	2014年3月29日	2014年4月12日	22
24	专业方案审批（技防办、无线电管理局等）	15 工作日	2014年4月13日	2014年4月27日	23

三级计划（设备采购计划）表

中海油大厦（上海）项目 暂估设备采办时间计划

序号	设备名称（范围）	工作名称	计划开始时间	计划完成时间	历时（天）
1	板式换热器	技术标、商务标编制（初版）	2013年4月29日	2013年5月9日	10
		技术标、商务标审核、修改	2013年5月10日	2013年5月15日	5
		招标文件定搞	2013年5月16日	2013年5月21日	5
		采办报批	2013年5月22日	2013年6月5日	14
		发布招标公告	2013年6月6日	2013年6月13日	7
		发标收标	2013年6月14日	2013年7月5日	21
		评标及评标结果报批	2013年7月6日	2013年7月31日	25
		合同谈判及合同文本审核	2013年8月1日	2013年8月8日	7
		合同签订	2013年8月9日	2013年8月9日	1
		生产周期	2013年8月9日	2013年10月8日	60
		现场交货	2014年2月20日	2014年2月20日	1

三级计划（突击工作计划）表

第四季度 上海项目组工作计划

日期：2013年10月25[日]

序号	事项	负责人	计划完成时间	备注
【工程技术部】				
1	精装修初步设计审查会	贾元迪	10月30日	
2	精装修工程施工技术标编制	贾元迪	10月30日	
3	消防员培训	杨历军	10月31日	
4	市政供电施工图蓝图	陈旭	10月31日	
5	厨房深化设计	王秋丽	10月31日	11.27发标
6	地下室外墙防水施工方案专家论证会	贾元迪	11月1日	
7	幕墙材料封样	吴富军	11月8日	现场材料已准备，待设计师王戈确认
8	现场火灾应急预案演练	杨历军	11月8日	
9	泛光照明设计施工图蓝图	陈旭	11月15日	10.31出招标图，11.15出清单，11.20发标
10	园林景观设计施工图蓝图	吴富军	11月15日	10.31出招标图，11.20出清单，11.25发标
11	通讯机房深化设计施工图蓝图	游莉	11月15日	10.31出招标图(广东电信深化)
12	弱电智能化设计施工图蓝图	游莉	11月15日	11.04出招标图，11.25出清单，11.30发标
13	暂估设备、市政工程技术标编制	王秋丽、陈旭	11月15日	配合合同采办部进行
14	市政供水深化设计	王秋丽	11月15日	11.29发标
15	市政供气深化设计	王秋丽	11月15日	11.29发标
16	档案馆深化设计	贾元迪	11月15日	11.27发标

序号	关键词	设计要点
1	大气	办公楼体量大，布局集中，内部空间宽敞
2	稳重	办公楼外形坚固方正
3	先进	机电设计、智能化设计以及设备选型等方面运用新技术
4	开放	接待区域宽敞、标识导向清晰、多采用敞开式办公，不设围墙
5	严谨	机电与精装修设计注重细节处理
6	求实	办公楼的造型、内外装饰以及选材尽可能朴实
7	诚信	建筑表里如一，不可表面朴实内部奢华
8	创新	办公楼适当采用创新的设计手法点缀
9	和谐	办公楼室内外氛围协调，建筑与周边环境协调
10	安全	消防、抗震、承重、用电以及特种设备等安全可靠
11	环保	节水、节电、节气，具备循环利用、废水及废物处理能力等
12	人性	注重人的生理健康，选材关注甲醛等排放，引入自然光与自然通风等，同时注重人的心理需求，尽可能满足人们交流、休闲等需要

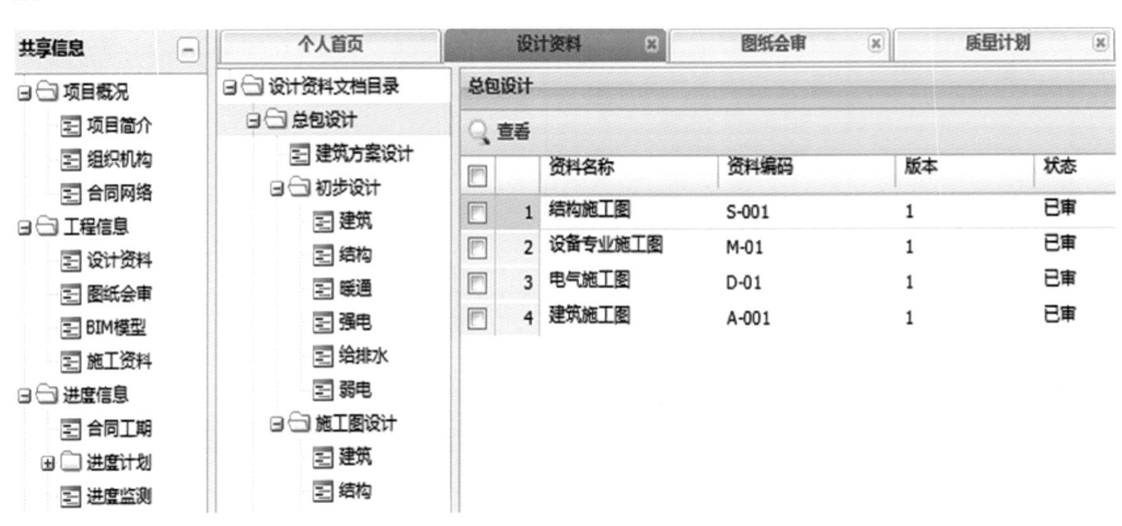

协调机制共享平台界面

础数据收集的完整性。

②期望型需求：实现越多，用户越满意。——陪同业主与用户单位沟通，挖掘其需求。

③兴奋型需求：用户意想不到的内容，如未实现，用户不会不满意，实现后，用户会非常满意。——陪同业主实地考察用户单位目前办公环境，发现潜在需求。

4）政府要求管理

①报批

专业工程师承担相关专业配套工程师职责，提前向规划、建委、环保、消防、绿化、水务、水政、抗震、交警、民防、卫生、食药监、技防、防雷、商委等政府单位“报到”，了解审批重点、审批事项，帮助业主向上述部门开展送审工作。

②专项评审

协助业主收集基础资料与数据，配合业主参加环境影响评价、交通影响评价、基坑安全性评价、基坑设计方案评审、基坑施工方案评审、雷击风险评估、地下防汛影响论证、卫生学预评价、玻璃幕墙光污染评价、幕墙结构安全性评估、消防审查、综合评审等专项评审。部分评审动用建科院社会资源，提前邀请专家审图，加速了业主的前期进度。

5）阶段设计质量管理

设计质量管理，首先确定阶段设计质量目标，根据住房和城乡建设部下发的《工程设计文件质量特性和质量评定指南》，将设计质量问题划分为功能性问题、经济性问题、安全性问题、实施性问

一级目标	二级目标	前期准备	方案设计	初步设计	施工图	施工深化
规范符合	各阶段设计成果满足国家、行业、地区的相关法律、法规、规范、规程、标准与技术措施等		●	●	●	●
	各阶段设计成果满足相关规范与标准要求的设计深度		●	●	●	●
功能实现	技术指标符合规划要求（如规模、层高、容积率、绿地率等），详见《政府要求》	●	●	●	●	
	功能符合政职能部门要求，详见《政府要求》	●	●	●		
	功能用房的数量、面积、技术参数满足用户当前或未来的需要，详见《用户需求》	●	●	●	●	
	功能设置人性化（停车位数量、商业配套、餐厅座位、电梯数量与状况、空调分区与自动调温、洁具数量、网络架空地板的运用、5A自动化配置等），详见《用户需求》	●	●	●	●	
	建筑体里大，布局集中		●			
	建筑外形坚固、方正、朴实，展现企业的稳重与求实		●			
	室内空间宽敞，空间距离拉宽（办公密度小、走廊宽度宽等）		●	●		
	室内空间布局应符合企业文化，架构、层级关系以及办公习惯，企业内员工以及企业外访客的交通流线应高效便捷，详见《用户需求》	●	●	●		
	室内空间分割应多采用开敞式办公，少里设置独立式办公			●	●	
	休息空间数量充足、舒适、采光好（如内院、休息厅等）		●	●		
	接待区域宽敞，标识异向清晰			●	●	
	室内视觉环境（层高与净高、人工照明与自然照明结合、色彩搭配、绿植与装饰）应使人心情愉悦，避免压抑				●	
	室内与室外设计风格应与企业文化协调统一，室内外选材朴实，室内装饰修效果舒适且注重细节处理，室外景观与照明效果怡人并与周边环境协调				●	
	室内空气组织（新风、空气流速、自然通风等）与温湿度控制应确保员工健康舒适			●	●	
	机电设计、智能化设计等方面应注重细节，适当使用新技术			●	●	
	针对特殊设备（电梯、空调等）以及特殊区域（会议室、中庭）采取有效的隔音吸声措施			●	●	
	注重节水、节电、节气、资源循环利用以及各类排放的预处理，达到绿色建筑二星与美国LEED金奖要求		●	●	●	
	适当采用创新的设计手法点缀		●	●	●	
成本合理	设计造价符合市场近似规模办公楼项目造价规律		●	●	●	
	各阶段执行限额设计控制		●	●	●	●
	采取合适的节能环保措施，降低后期运营成本		●	●	●	
	采用常规的设备与材料，降低维护与维修成本			●	●	●
安全可靠	建筑设计（如防火分区设置、防火门、选生能道等）安全		●	●	●	●
	结构设计（如承重、基础、抗震、抗风、稳定性、抗骨移、抗颠覆、钢结构连接、预应力等）安全可靠		●	●	●	●
	电气设计（如防雷、变电、火灾报警、漏电保护等）安全可靠		●	●	●	●

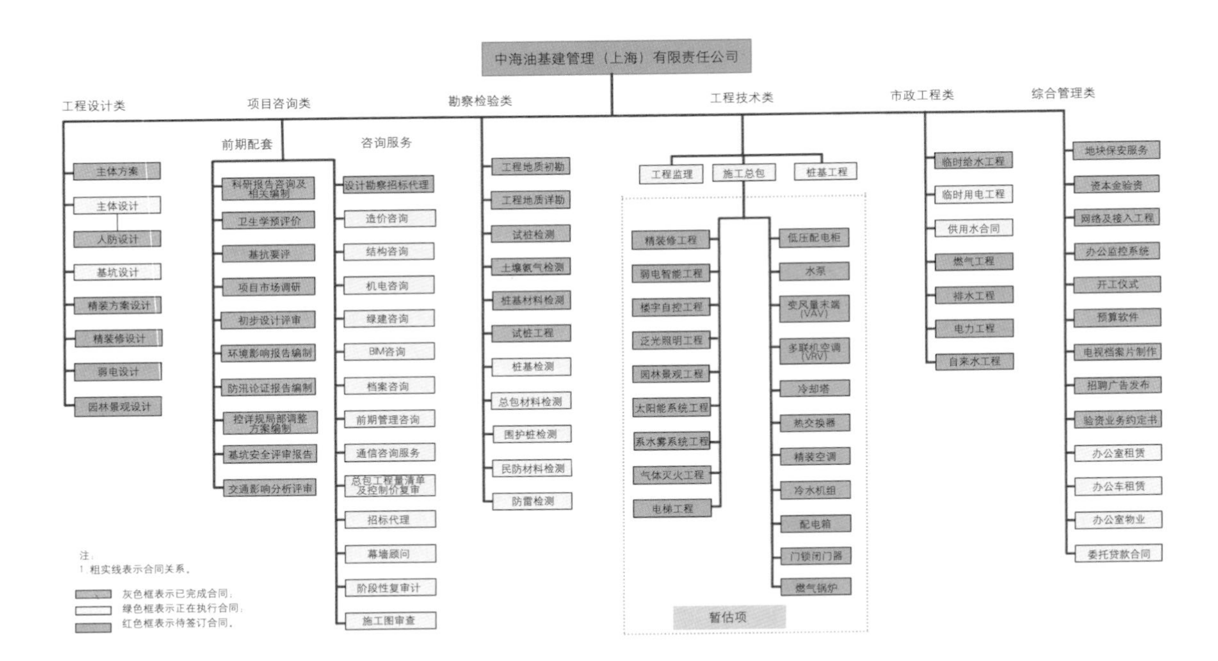

题、适应性问题、可行性问题、时间性问题，以此为基础，结合上述资料收集分析成果，得出设计质量目标。然后是整合设计输入内容，梳理设计输入文件的编制时间与关注重点，各专业工程师根据用户需求、政府要求及相关规范标准，就本专业内容对设计输入文件进行汇编、审核。随后是制定阶段工作流程，识别关键环节质量影响因素并制定应对措施。

设计质量管理最重要的是审查阶段设计成果，阶段设计结束前，增值服务经理与业主一起梳理阶段设计质量目标，将阶段设计质量目标划分为“能准确核实的质量目标”以及“需主观评价的质量目标”。对于“能准确核实的质量目标”，例如“技术指标符合规划要求”，由专业工程师牵头咨询顾问单位，对照设计质量管理目标、设计任务书及规范，逐条复核。对于“需主观评价的质量目标”，例如“室内装修效果舒适，风格与企业文化协调”，专业工程师组织用户、专家以及相关单位开展专题会议予以评价。

3.采购管理

1）采办包划分

增值服务团队领导带领专业工程师、造价工程师与业主各部门负责人一起，投入大量精力，收集同类项目信息，根据实际情况，认真细致地划分采办包。

序号	事项	专业工程师工作内容
1	工作内容	根据设计文件要求，提炼出工作内容，要求工作内容全面、表述清晰
2	工作界面	牵头招标对象的相关专业人员，依照已签订合同内容，讨论招标对象的工作界面，明确本次招标与建筑、结构、设备、电气、精装、弱电等专业的界面，要求工作界面划分清晰明确、没有遗漏，有利于责任界定、有利于质量保证、有利于工作效率
3	技术要求	根据设计文件要求，整理、收集具体的技术要求，根据现场实际情况进行甄别，如有必要，向设计单位求证后，汇总形成技术要求，要求技术要求复核设计与业主的意图
4	商务条款	包括资格门槛、计价依据、付款方式、结算原则等，造价工程师对招标对象的市场环境进行了充分的调研，合理设置了资格门槛，同时，在业主上级单位制度要求的基础上，结合上海市本地市场环境，进行了修改和完善工作
5	评标办法	根据设计文件要求，标注出不可偏离项，编制评分办法，确保评标能够顺利进行
6	工程量清单	造价工程师直接介入造价咨询公司，参与工程量清单编制，确保工程量清单内容完整、表述清晰

2）招标文件编制

监理增值服务协助编制总包招标文件、专项设计招标文件（精装、弱电、泛光、园林）、暂估专项工程招标文件（精装、弱电、泛光、园林、太阳能、高压细水雾、气体灭火等）、暂估设备招标文件（电梯、冷机、锅炉、VRV、精密空调、泵、配电箱等）中的技术部分与商务部分。

4.施工管理

本项目在施工管理方面仍然以现场监理为主，增值服务重点为施工现场技术管理，主要有以下几个方面。

1）技术协调

专业工程师参加现场技术协调会，收集问题、解答问题，如有必要及时反馈设计，催促答疑。

2）工作界面协调

工作界面划分不清时，界面两侧的承包单位可能发生重复施工、互相推诿等现象，导致材料浪费或者工期拖延。尽管招标期间已经明确相关工作界面，但实际施工时，因现场专业分包与供应商数量众多，加上人员素质、信息传递、工程变更等多方面原因，仍有许多工作界面存在重叠、接口划分不明确。发现问题后，专业工程师根据各自专业，及时组织相关单位协调梳理工作界面，以避免工期拖延、资源浪费甚至出现质量问题。

3）变更技术论证

接到现场变更后，专业工程师及时对照图纸，根据现场实际情况给予技术意见，有必要时发送给咨询顾问单位，或牵头组织专题论证会，供业主决策。

4）深化设计审核

专业工程师对接现场各专业施工单位，督促、审核现场提交的二结构、留洞、设备基础、管线综合、机房大样、配电深化、群控等图纸。审核重点在于是否符合原设计意图，是否符合规范及标准的要求，审核完毕督促现场整改。

5）专项施工方案审核

专业工程师在现场监理审核的基础上，对现场提供的专项施工方案进行二次审核，重点关注是否符合设计意图、是否符合业主要求。

6）设备与材料核查

专业工程师在现场监理审核的基础上，对设备及材料的选择进行比较，必要时实地考察，给出意见，重点关注是否满足设计要求、性价比如何等。

7）重点、难点部位交底与检查

对于图纸表述不清、图纸遗漏、施工难度大的部位，专业工程师向施工专业负责人、监理专业负责人开展重点、难点部位技术交底；施工过程中与现场监理一起开展巡检、旁站工作；施工完成后，检查施工成果是否符合设计与业主的要求。

5.费用管理

1）参与编制资金计划

根据业主要求，增值服务团队造价工程师需参与编制年度、月度资金计划。鉴于业主年度预算考核目标，其上级单位对资金计划的准确性要求很高，因此造价师们在编制资金计划前必须了解每个合同的付款条件、每周视察现场生产情况，参加现场监理例会，了解施工进度及施工计划，对下月预计完成的工程量作出准确的预估。

2）协助概算审批工作

本项目初步设计完成后，设计概算金额突破原估算金额达1.3亿，审批工作非常艰巨。造价工程师们投入大量精力，分析估算与概算的差异，从编制依据、编制方法、编制时间、设计差异等方面进行了地毯式排查，并收集了大量类似工程的技术经济指标，找准原因后，与专业工程师一起寻找替代方案，与设计单位沟通、调整，确保业主概算审批顺利通过。

3）进度款支付审核

造价工程师每月定期视察现场工程进度，统计完工工程量，对施工单位提交的进度款进行初审，督促造价咨询顾问单位开展相关审核工作，确保现场资金及时到位。

4）变更价格审核

专业工程师给予技术意见后，造价工程师审

核变更资料的完整性，督促造价咨询顾问单位开展询价、审价等工作，确保业主及时决策。

5）竣工结算审核

造价工程师协助业主收集、整理竣工资料，包括施工图纸、业主指令、变更文件等内容，审核施工单位提供的竣工结算报告。

五、总结与心得

1.增值服务可行性

增值服务团队深刻吸收业主的管理理念，以齐全、可靠的专业配置“武装”业主，与业主一起经历前期、设计、招标、施工等环节，按期、保质、限额地完成了项目的预期目标，管理服务成效显著。

另一方面，增值服务团队在业主与现场监理之间架起桥梁，使现场监理组更好地明确了业主、设计的意图，为现场监理工作的开展提供了强有力的技术支持；同时，现场监理也能及时向增值服务团队反映、传递现场施工信息、存在的疑问点，使业主更快地了解现场实际情况，对现场监理的信任程度大大提高，促使现场监理工作更加顺利。

2.心得体会

1）用户需求

增值服务团队必须帮助业主整理、分析用户需求，使设计成果更符合用户需求，避免后期反复改动，影响进度、成本。

2）设计管理

增值服务团队必须以系统化的方式开展设计质量管理，建立沟通协调机制，针对性制定设计质量目标，做好设计输入资料的把控，落实各设计阶段的质量策划、控制、检查与处理。

3）招标采办（采办包、工作界面、评标办法）

大型项目采办包划分是难点，必须注意与业主密切沟通，了解业主集团内部采办制度要求，结合当地市场环境针对性划分采办包。

同时，认真梳理采办包的工作界面，在招标期间详细表述各招标对象的工作界面，在签订合同时盯紧工作界面条款的落实，在实际施工时根据现场情况补充完善。

BIM技术，融入项目建设“一砖一瓦”

重庆赛迪工程咨询有限公司　温智鹏

摘　要　重庆赛迪工程咨询有限公司针对BIM技术进行了丰富的实践和研究，并结合工程技术服务经验，大胆的尝试开发BIM2.0系统应用。本文以宜昌奥体项目为例，介绍了公司如何以创新的服务模式优化传统项目管理及施工监理中的缺陷，从而提高服务水平和工程质量，为BIM技术推动建筑业的发展提供参考。

关键词　BIM模式　高效应用　自主研发

在国家新一轮的十二五规划中明确提出“全面提高建筑行业信息化水平，重点推进建筑企业管理与核心业务信息化建设和专项信息技术的应用”，信息化、标准化、精细化成了未来建筑行业改革转型的新型关键词，而被称为信息化技术龙头的BIM（Building Information Modeling，简称BIM）则顺理成章地成了这场建筑革命的焦点。

作为一项新的信息技术和工具，BIM在大型复杂工程建设中发挥着越来越重要的作用，不断引领着技术升级和生产方式的转变。但BIM始终是工具，是手段，是减少人为犯错机率的工具，是提升管理效率的手段，是一种创建信息、管理信息、共享信息的数字化方式。只有先明确项目管理的目标，通过使用工具，才能使我们的管理定性、定量、可视化。

在“十二五”的收官之年，重庆赛迪工程咨询有限公司（以下简称“赛迪工程咨询”）紧锣密鼓部署转型创新和生产经营工作，启动“稳固发展监理、积极拓展咨询”的“双轮战略”，实现横向及纵向的多元化发展，同时针对BIM技术进行了丰富的研究和开发工作，并结合20余年工程技术服务经验以市场为导向提供技术服务，并在推崇专项性应用的BIM1.0时代，成熟地将设计—建模—优化模式应用于重庆火车北站综合交通枢纽项目，以点带面的提升管理效率和质量品质，获得业主的一致好评。紧接着在BIM行业大环境依旧处于探索阶段的认知中，赛迪工程咨询大胆的尝试开发BIM2.0系统应用，以管理为主，模型为辅，以平台为依托，协同为目的，推出“设计—施工—管理”一体化的BIM管理模式，并在宜昌奥体中心项目及成渝高速中梁山隧道扩容改造工程成功应用。

下面，以宜昌奥体中心项目的BIM应用情况做典型介绍。

宜昌奥体中心效果图

一、钟灵毓秀非易事

近年来，国家大力发展基础设施建设和公用事业，赛迪工程咨询抓住政策导向，深耕中西部地区大型公建市场，针对大型场馆、会展中心等重点领域对先进技术的旺盛需求，提供核心技术服务。在湖北省宜昌市，公司先后承担奥体中心、规划展览馆和博物馆三大公建项目监理。其中，在宜昌市奥林匹克体育中心体育场馆项目中，公司首创了“项目管理+工程监理+BIM”的服务模式。

宜昌奥体中心项目是宜昌市的民生工程和重点建设工程，总用地面积约95hm^2，场馆设施包括“一场三馆一中心”。作为宜昌市的标志性建筑，其钟灵毓秀的外形以及对工程质量的超高要求，使得整个项目实现起来绝非易事。以奥体中心体育馆为例，工程总建筑面积2.9万m^2，地上、地下结构复杂，工程标准较高，要求在700天建成并投入使用；体育场馆工程涉及专业多、施工单位多、交叉作业多，管理难度大、任务重。

基于项目的复杂性与高要求，业主在宜昌市大型公建项目中首开先河，采用BIM与传统优秀施工技术相结合的方式，提高工程效率和水平，确保在计划工期内打造满意工程和精品工程。

运维 | 施工 | 设计 | 规划

维护与应急
能耗监控
资产管理
空间管理
防灾规划
三维扫描
3D施工交底
场地布置
数字化加工
施工组织设计
专业协调
设计建模
能耗分析
结构分析
机电分析
采光分析
LEED评估
规范检查
设计审核
规划
场地分析
4D建模
成本预算
现状建模

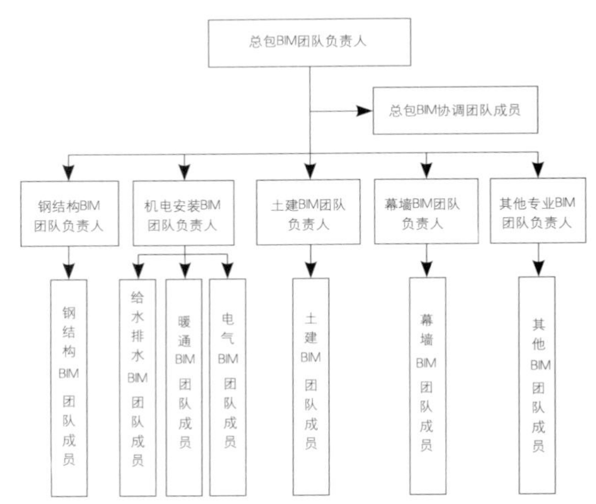

二、BIM技术化难为易

自正式启动奥体中心项目BIM技术应用以来，赛迪工程咨询组织各方分别从施工现场管理、进度管理、成本管理、技术管理、深化及优化设计等方面进行研究应用，推动工程整体管理的精细化、信息化，目前已取得不错的成果。

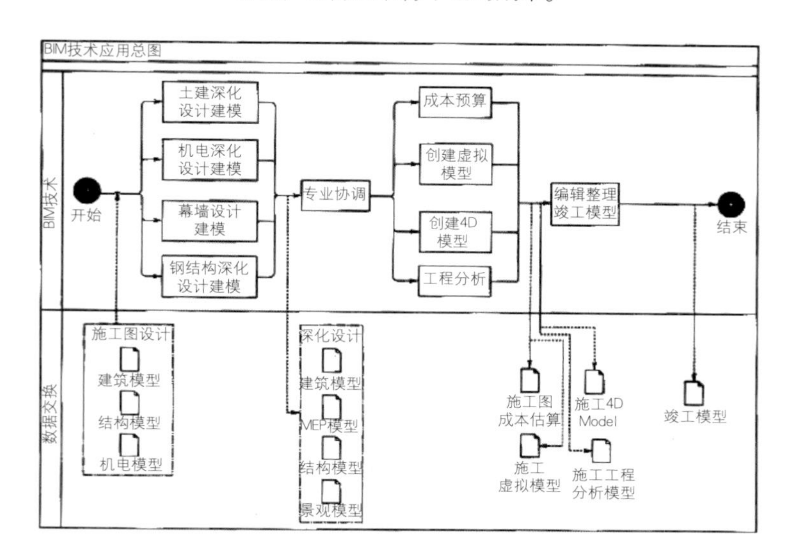

1.BIM前期策划

BIM成功应用的前提条件是详细规划，并要与工程施工业务过程相结合，才能真正辅助项目团队实现BIM价值，赛迪工程咨询经过项目前期的调研和全面分析，最后结合各参建方的实际情况制定了以业主为主导，项目管理为监管，总包单位为实施的BIM应用规划和人员配备计划。

2.项目三维建模

BIM的三维建模系统将建筑3D模型与设计、施工及管理信息集成一体，实现了三维模型参数化创建与显示，不仅大大增加了可视化效果，而且增强了建筑构件、体量、材料和环境等信息的关联和有机联系，方便了管理过程信息的查看、编辑和扩展等，有助于整体和系统的把控项目建设的各个方面。

针对本项目特点，赛迪工程咨询利用Revit系列软件对体育馆进行了三维建模，并根据住房和城乡建设部颁布最新的《建筑工程设计文件编制深度规定》针对不同项目阶段设立不同的模型精度，直观而形象地展示了建筑物的形象和各项属性，增加

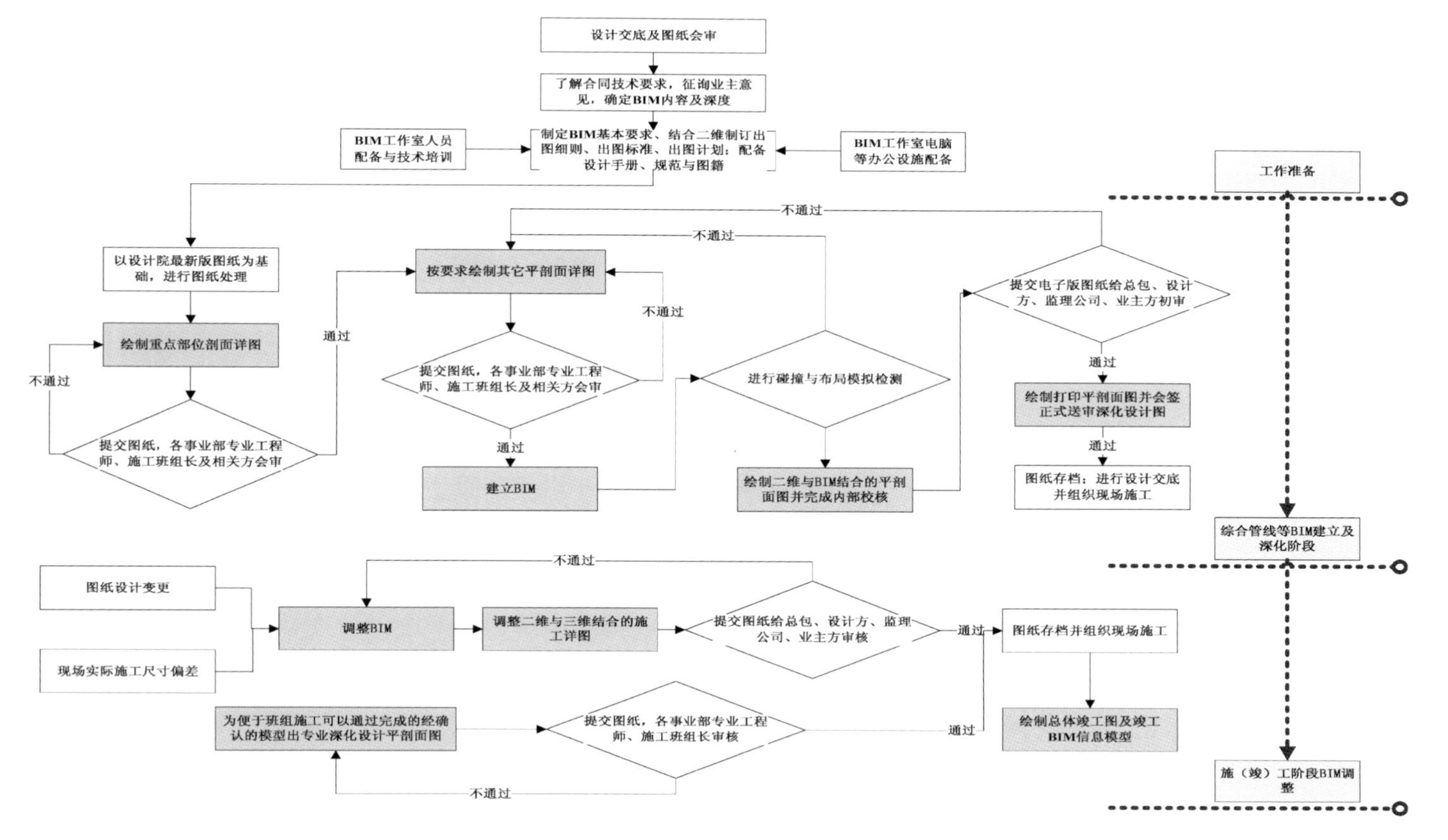

了项目参与各方人员对项目的认识，充分地理解设计意图。尤其对业主来说，通过BIM提供的形象的三维模型，可以更明确地表达对工程质量的要求，如建筑物的材料、设备、位置等，有利于各方开展质量控制工作。

与此同时，赛迪工程咨询还扩展了BIM模型范围，对奥体项目的总平面及建筑布局等进行了三维建模，对施工平面布置和一些施工工艺实现了虚拟的可视化展示，有效地辅助设计施工单位进行施工安排与优化、场地布置和施工操作优化，明显提高了关键工序的施工效率和精度，提高了信息化管理水平，为加快施工进度提供了有力的支持。

3.BIM工程量成本控制

BIM模型构件的物理信息集为我们在项目实际成本把控过程中提供了数据来源和分析依据，通过对不同构件不同属性的调取及统计，我们可以清晰明了地把控项目的净工程量，从而实现工程建设成本的极限透明化。例如，赛迪工程咨询针对体育馆钢结构进行了建模和工程量复核，结果显示通过Xsteel统计出的工程量为2000t，而实际的初设概算为3390t，相差近1400t，节约成本近千万，BIM为业主带来的价值体现得淋漓尽致。

现如今体育馆项目已经可以很轻松地得出整个项目管理过程中的实时造价，从而为工程成本管理的不断精确化、精细化提供便利。

4.4D进度模拟

相比较传统的进度计划横道图、网络图，4D施工进度模拟更加直观，且对整体进度情况反映良好、复杂的横道图、网络图在展示时需要不断阅读文字与时间，效率较低，施工进度4D模拟更加直观、形象，表达出的信息量大，在大量进度任务并行工作时作用更加显著。与此同时，revit与Navisworks中模型与动画的结合直观生动，可以帮助现场的高效沟通与协调，数据集成的优势更方便进行数据分析，可视化+大数据的方式辅助项目部进行决策，唯一影响最大的地方在于模型的建立与进度的匹配分析。

体育馆项目的4D进度模拟由于进度计划的变更过于频繁，更加体现出了此项BIM技术在进度管理中的高效率和高机动性，让各参建方更加明确项目的进度情况，以方便进行及时调整，保证项目的顺利进行。

如图所示，运用Navisworks和Sychro强大的施工模拟能力，体育馆项目可以从各种视角进行漫游观察和实时测量，并且由于构件属性与时间属性的关联，业主和各个建设方可以直观清晰地调取任何时间区间的工程形象和工程量，可以进行及时决策和管理调整。

5.机电管线综合碰撞检查

碰撞检查一直是BIM行业应用得较为成熟也是最被认可的一大应用点，传统的施工方式中，由于二维图纸的可视化能力限制，因为构件碰撞所造成的设计变更数量繁多，成本浪费也很明显。

在体育馆项目中，赛迪工程咨询针对项目的机电施工图分专业、分楼层进行了三维建模，为了最大化地节约成本和工期，BIM团队人员花费了

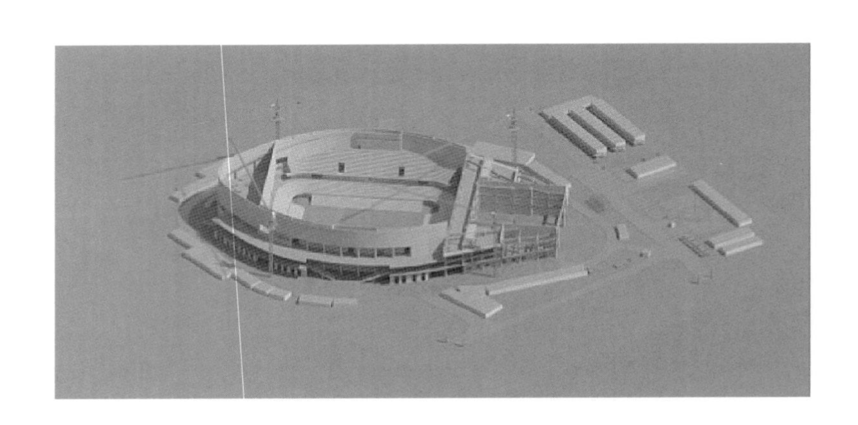

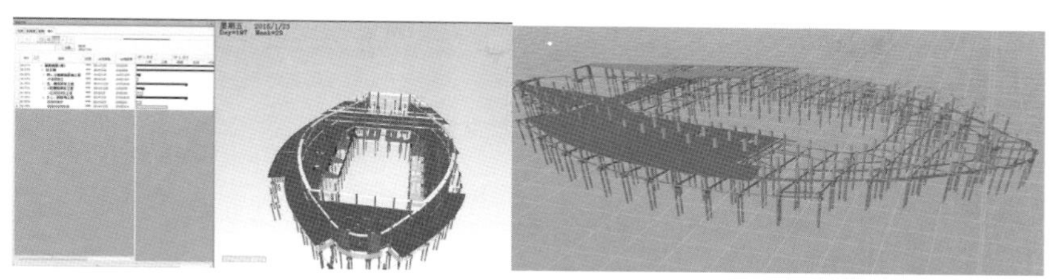

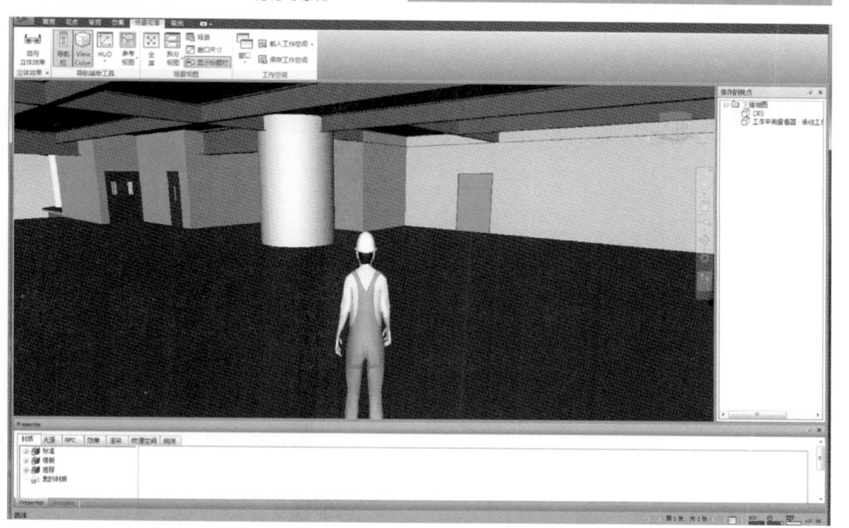

大量的时间将机电模型深度深化到了LOD400，其结果也是显而易见的，通过Navisworks的碰撞检查，共计检查出碰撞达2000多处，其中包含系统间的碰撞及结构系统间的碰撞，经过多方专家复核并进行人工忽略后，仍然存在80多处亟待解决的碰撞点，经过各参建方的讨论和分析，对碰撞检查结果表示一致认可。

在机电安装施工前将上述问题抛出为项目带来的价值无疑是巨大的，无论是为业主节约成本还是为施工单位节约工期，都在此体现出了BIM技术的价值和理念。

6.施工方案模拟优化

施工模拟技术主要是运用BIM技术，将二维图转变成三维模型，并在模型中确定施工方案。通过对施工过程或关键过程进行模拟，以验证施工方案的可行性，以便指导施工和制定出最佳的施工方案，从而加强可控性管理，提高工程质量，保证施工安全。

奥体中心项目由于结构复杂，部分节点的施工方案审核出错几率不可避免，所以赛迪工程咨询结合已有的BIM模型针对重难点部位进行三维模拟分析，并优化最终施工方案，不断创新、改革传统的施工方式。例如体育馆现场高大模拟支护的三维模拟，由于所浇筑梁主体过高（底标高13.9m），传统的施工方案经过三维模拟分析存在安全风险，我方根据计算优化得出最终施工方案。由于BIM的可视化强大功能，方案以动画的形式进行现场交底，也可以方便、直观地让工人了解设计意图，从而最大化地实现工期和成本的节约，防止返工和安全风险的出现。

7.现场移动客户端开发及应用

为了最大化地提供现场的办公效率和信息化的全面使用，体育馆项目在现场建设过程中创新性地采用了移动客户端的应用，将项目图纸信息及模型信息等集成到移动客户端（手机、ipad等）上，极大提高了现场施工人员的办公效率和检查速度，同时结合模型也能更直观地观察实际建设工程中的错误和偏差，从而及时纠正，并可拍照取样，生成现场检查报告，及时快捷地反馈给业主和施工方，在项目建设的效率提升中发挥了极大的作用。

8. BIM汇报制度的订立

自体育馆项目实施以来，每月的BIM使用情况均采用月报加动画的形式进行汇报，将每月的计划进度与实际进度以动画的形式进行展现，方便管理的决策和现场的把控。

三、自主研发平台，推动BIM全员使用

在奥体中心的BIM应用过程中，我们不仅仅是使用技术解决问题，而是站在管理的角度尝试将BIM融入整个项目管理过程中，在不断的应用探索和项目实践中，赛迪工程咨询推出一套BIM协同平台软件——PW平台，利用该平台实现模型及信息的及时传递、工作任务的协同作业。在这个平台上，能够实现资源共享，帮助不具备BIM专业能力的人轻松使用BIM信息。为了为项目管理提供最大化便利，PW平台还开发了移动客户端和网页

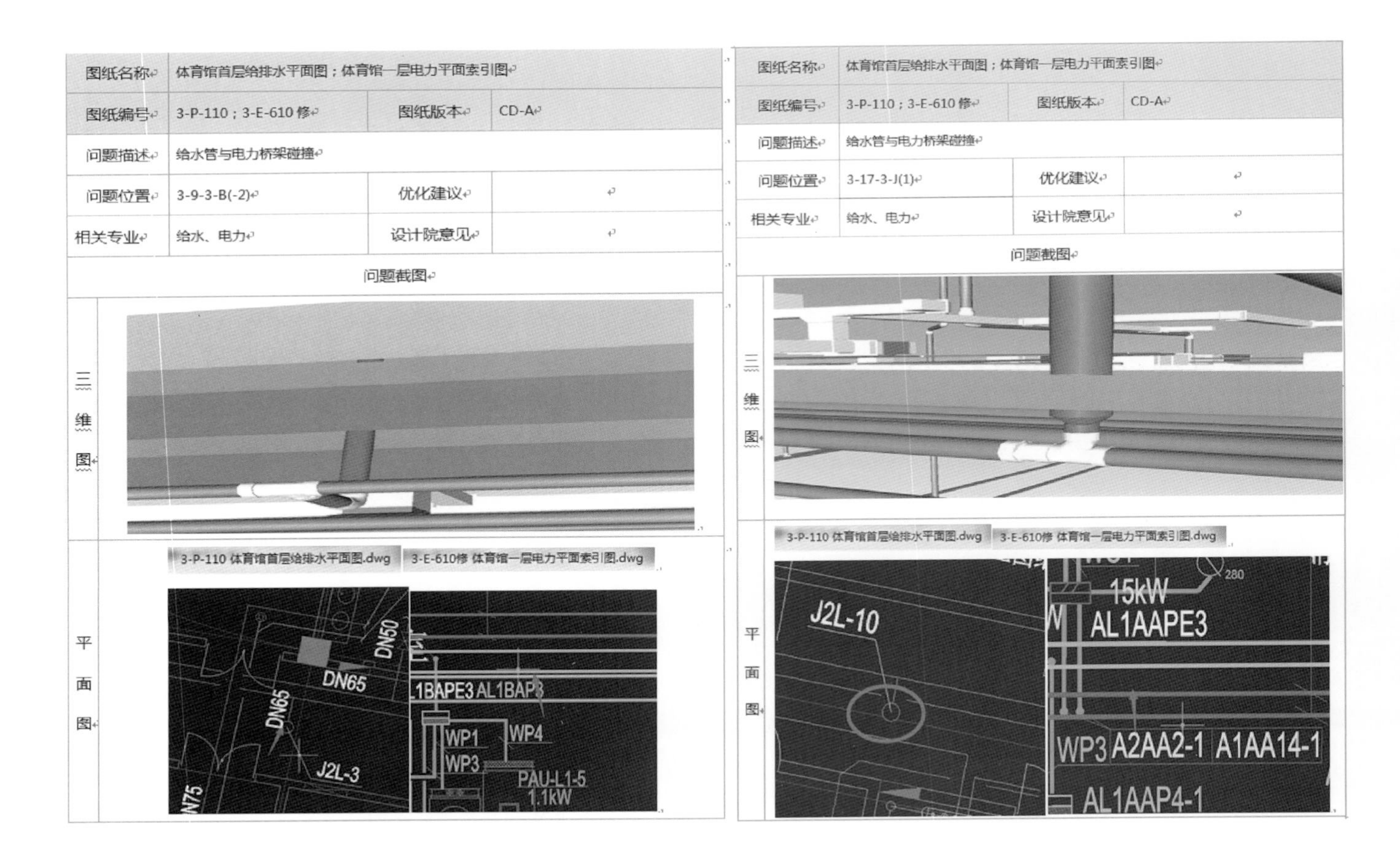

图纸名称	体育馆首层给排水平面图；体育馆一层电力平面索引图		
图纸编号	3-P-110；3-E-610 修	图纸版本	CD-A
问题描述	给水管与电力桥架碰撞		
问题位置	3-9-3-B(-2)	优化建议	
相关专业	给水、电力	设计院意见	
问题截图			
三维图			
平面图	3-P-110 体育馆首层给排水平面图.dwg　3-E-610修 体育馆一层电力平面索引图.dwg		

图纸名称	体育馆首层给排水平面图；体育馆一层电力平面索引图		
图纸编号	3-P-110；3-E-610 修	图纸版本	CD-A
问题描述	给水管与电力桥架碰撞		
问题位置	3-17-3-J(1)	优化建议	
相关专业	给水、电力	设计院意见	
问题截图			
三维图			
平面图	3-P-110 体育馆首层给排水平面图.dwg　3-E-610修 体育馆一层电力平面索引图.dwg		

端，将项目图纸信息及模型信息等集成到移动客户端，手机、iPad等可直接访问，大大提高了办公效率。

平台还采用权限管理原则，针对项目不同的岗位设置不同的访问修改权限，并要求各参建方指派专门的人员进行项目信息的上传和维护，保证PW平台在管理过程发挥最大的作用。

PW平台的使用是宜昌奥体项目信息最大化的开始，但绝不是结束，我们在使用过程中针对各方的需求不断的完善平台功能，力争创造一个可复制性的、效率最大化的BIM协同平台。

在建筑业不断转型探索的时代，BIM技术已经融入了项目建设的“一砖一瓦”中并逐渐体现它不可替代的价值，我们希望通过这样一种创新和管理将赛迪工程咨询服务的标志性建筑打上精品的烙印，也希望通过这样一种改革为中国建筑业的发展贡献自身的微薄之力，我们都见证过CAD技术的提出、发展，到全行业普及，也看到了CAD对建筑业技术进步的作用和贡献，我们更加坚信BIM技术为建筑带来的革命性改变，而BIM2.0，仅仅是开始。

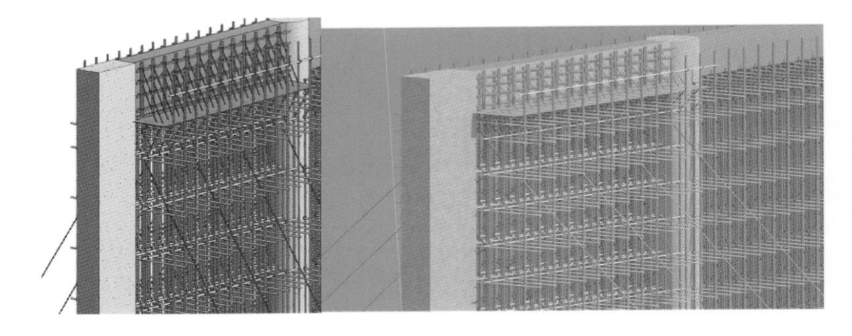

厚积薄发，奔向黄金岁月
——记湖北三峡建设项目管理股份有限公司董事长付宇东

武汉宏宇建设工程咨询有限公司　潘博文　赵楠

付宇东，1976年出生，毕业于西南科技大学，工程管理专业硕士学位，现为湖北三峡建设项目管理股份有限公司董事长。2014年被中国建设监理协会评为“2013~2014年度全国优秀总监理工程师”。

联系到付宇东本人时，他在北京出差，采访他时，他正准备出差成都……很遗憾此次采访没能见到付宇东本人，只是通过电话交流，但仅仅通过两线的联络和交流，我的脑海里立马勾勒出一个成熟男人的形象：勤奋、务实、热情、积极、蔼然可亲。

从他的个人简历中得知2014年付宇东成为湖北三峡建设项目管理股份有限公司董事长，并在同年带领公司登录武汉光谷四板市场，为后续企业做大做强、上市新三板奠定了坚实的基础。正处于人生黄金岁月的付宇东，有着怎样的付出与坚持？是什么品质让他这么年轻就当上了董事长？当选全国优秀总监理工程师，他又有哪些值得学习和借鉴的地方？带着许多疑问，我们逐步走进付宇东的内心世界……

十年磨一剑

20世纪80年代末，正处于经济发展升速期的中国引进了“工程监理”，用付宇东的话来说“监理”应该是个舶来品。这个年轻人就顺着国家政策的号召正式踏入了这个在当时他觉得“比较有前景”的行业，成为了一名名不见经传的小监理员，而这一做就是十年。

记者：刚进入监理这一行时，你对监理的认识是怎样的？

付宇东：刚参加工作，我觉得监理人员就仅仅是管管施工现场，可能就和施工单位的施工员一样做差不多的事情。但是真正到现场之后，看到总监、专监们的工作态度，才认识到自己的认识是多么粗浅。以前别人说，施工单位是动手不动口，监理单位是动口不动手，听起来很简单，但是到了现场之后发现要把图纸的要求、规范一条条落实到实际中还是有些难度的，这其中就需要自己去学习、去理解、去判断。所以在监理行业学习到的东西还真的同施工单位和建设单位有本质的区别。

记者：是什么支撑着你从1993年到2003年一直做一名普通的监理人员？

付宇东：成就感。我毕业后从事监理工作时，监理行业刚起步，全国的监理行业都属于摸索起步阶段，这给我提供了很好的学习、发展的机会。刚出校门的我就开始尝试着将书本上所学的理论运用到实践中，学习怎么跟建设单位和施工单位沟通，每做好一个项目就特别有成就感。经过积累和锻炼，我顺利通过了国家注册监理工程师的考试，具备独立带领团队的能力了，后来我成为了一名总监理工程师，就这样不知不觉地从一名普通监理员走到了现在。

不知不觉的十年，是一份坚守、一份执着。十年，让这个年富力强的年轻人更加的睿智，在职场上游刃有余、如鱼得水。没有这十年，就成就不了如今的三峡公司董事长。

当再问及该如何做好一名监理员时，付宇东觉得监理员一定要有自己的职业操守，站好自己的位置，做该做的事情。其次要主动地学习国家规范，学会同业主和施工单位沟通，更需要不断地提升自身的综合素质。“明白自身的处境，提升自身的能力。”——付宇东阐释了一个适用于任何行业、任何岗位的道理。

管理是门艺术活

记者：总监理工程师怎样才能带领好自己的团队?

付宇东：第一，要明确了解自己监理部人员的组成情况，了解每一位成员性格特点和专业所长。

第二，合理安排划分工作职责，充分发挥每位成员的优势，安排好每人职责分工后，适当增加工作内容来锻炼、提高他们的业务水平。这既有利于提高团队战斗力，提升员工素质，也为公司长期发展进行了人才储备。

第三，监理人员相互之间存在着不同方面的差距，有的专业知识全面、经验丰富，但对监理程序、方法了解不够深入，有的年轻人理论知识、计算机应用比较熟悉但缺乏实践经验，等等，这就要求监理部全体人员都要树立主动服务的思想，相互协作、群策群力。

第四，监理部要制定明确的目标为所有监理人员导航，还要制定出一个周密的实现目标的计划。

记者：您觉得出色的总监理工程师应该具备哪些素质?

付宇东：出色的总监理工程师首先应该具备扎实的专业技术知识，这是一个总监理工程师解决技术难题和突发事件的硬件支撑；总监理工程师是一个项目的核心，需要把控全局，头脑冷静，谨慎、果断地处理问题是总监理工程师必备的能力；同时还要有自己独特的领导艺术及个人魅力修养，领导自己监理部的人员协调合作；最后总监理工程师要适当把握处理问题的度，既要严格把关，又要掌握好分寸，宽严适度，要协助建设单位利用竞争和激励的机制，促进被监理者自身的质量管理。

记者：您在担任总监理工程师期间有哪些印象深刻的案例?

付宇东：印象最深的是锦绣华庭（东湖D-16区）R17、18号楼工程，我在巡检时发现悬挑脚手架的工字钢设置存在较大的安全隐患，立即指出，并要求即刻整改。可施工单位认为以前在施工中也是这样做的，没出现过安全事故，存在侥幸心理。我们就通过采取临时召开现场会，指出这样设置存在的问题，通过多次探讨和耐心的说服，终于取得了现场建设单位和施工单位的认可，及时将几处有隐患的工字钢重新设置或调换，保证了工程的顺利进行。该工程最后还获得了“2011~2012年度湖北省建筑工程安全文明施工现场（楚天杯）”、“宜昌市2013年（上半年）安全文明施工现场”，“宜昌市2013年度建筑优质结构工程”。建设单位对我们的评价非常高。

监理人应有自救意识

2014年，国家政策的变化不仅对付宇东带领下的湖北三峡建设项目管理股份有限公司来说是个坏消息、小震动，对于整个监理行业来说都是一个不小的冲击：深圳试点取消强制性监理。面对这种形势，付宇东说：“监理人，应该有自救意识。”

记者：您对取消强制性监理有什么看法?

付宇东：和大部分监理同行一样，肯定是不大情愿的。对于我们来说，只能也必须响应国家的政策。以后行业竞争会更加激烈，也未必是个坏事，这将逼迫监理公司向多元化的方向发展。

记者：在这种形势下，您对公司未来有什么规划?

付宇东：拓宽业务范围，工程咨询全覆盖。因为我们现在有建设部的监理资质、交通部的监理资质、国土资源部的监理资质，这样各个部门行业延伸就相对容易，相对广阔。另外就是要发展公司的招标代理以及造价咨询，虽然我们现在的招标代理和造价都还是乙级，但我们也正在着手升甲中。之后也有想法入股设计院，这样公司的业务就从前期的设计咨询到招标代理再到监理到工程审计，就是一条龙的服务，这就真正的扩展了自己的业务范围。

记者：现在全国的监理行业都在强调自律，您觉得作为总监理工程师在行业自律中应扮演怎样的角色?

付宇东：总监理工程师就是起到承上启下的作用，正好介于公司和员工之间。行业自律也提了很久，确实行业也存在有人吃了甲方，拿了施工单位的，这些人对整个公司和整个行业的影响都非常不好。那么也因为他拿了施工单位的好处，然后把不合格的钢材送进场，这将会影响到业主对公司和对整个行业的认可。我们必须要通过公司的制度来约束现场的监理人员，并时常约谈业主和施工单位对近期项目部成员的表现进行打分，一旦发现这种不符合公司规定的行为，不管他技术多好，都会马上开除。另外还是要靠个人职业操守，因为从最初大家不知道监理到后来很尊重监理，再到后来觉得有些没有达到任职水平的人也来做监理……社会对我们的认知在不断的变化，所以每个监理人，都应该做好自己的工作，人人都要有一种自救意识。

当问及这么些年最想感谢的人是谁时，他不假思索地说是“一起打拼的同事”。确实，正是有同事们共同的付出和努力，公司才能从最初成立时只有房建甲级资质成长到今天拥有不同领域的多项甲级资质。他评价他的团队是“一个团结协作的大家庭”，殊不知这也正是他杰出管理艺术的产物。

电话采访结束，依然对这个能够十年坚持在基层岗位而如今功成名就的领导印象深刻。这恰恰让笔者想到了像笔者一样二十出头的一群人，20多岁，我们想要房子、想要车子、想要旅行、想要享受生活。我们着急又迷茫，急切地渴望充裕的物质生活，于是频繁地跳槽，努力地想要寻找一个钱多、事儿少、离家近的工作。常常会听到经验丰富的老者说：“守得住，慢慢来”。其实“慢”不是说放任自流，而是注重积累，厚积薄发。我想这也正是付宇东能够一步步走向成功的缘由。

打造京兴品牌　做优做强监理企业

京兴国际工程管理有限公司　李明安

摘　要　主要叙述在监理新常态下如何做优做强监理企业。

关键词　做优做强　信息化　品牌

建筑业改革进一步深化，对监理企业的影响也在逐步显现，如何应对建筑业的改革将成为监理企业思考和研究的课题。最近，王宁副部长在全国工程质量治理两年行动电视电话会议上提出，完善监理机制，进一步发挥监理作用，培育一批有实力的骨干监理企业做优做强。下面结合京兴国际工程管理有限公司的发展历程，就如何做优做强监理企业与大家进行交流。

京兴国际工程管理有限公司成立于1993年，是由中国中元国际工程有限公司（原机械工业部设计总院）全资组建、具有独立法人资格的经济实体，是建设部1993年首批审定的59家甲级资质监理企业之一，2008年公司在6个工程监理甲级资质的基础上，取得“工程监理综合资质”，并具有商务部审定的对外承包工程经营资格和独立的进出口经营贸易权，是集工程监理、管理、信息工程、国际工程及贸易业务于一体的国有工程管理公司。

公司现有工程管理及技术人员近300人，其中高级职称62人(含研究员级高工)，中级职称126人，工程管理博士和硕士16人，项目管理研究生18人。有中国工程监理大师1人、英国皇家特许建造师1人、香港建筑测量师1人，各类国家注册工程师172人次。

公司自成立以来，始终秉承“诚信、高效、共赢、发展”的服务理念，以优质服务赢得市场，经营合同额和收入稳步增长。

一、以技术为引领，提供专业化服务，打造京兴品牌

二十多年来，公司在激烈的市场竞争环境下，经过市场调研，根据自身实际，确立了“做强工程监理，积极开拓工程管理、信息工程、国际工程及贸易业务，实现多元化经营”的市场定位。借助“中国中元”（总公司）在大型公建、医疗建筑、机场物流等领域中的设计优势，以技术为引领，提供专业化服务，打造京兴品牌，控制人员规模，追求高素质人才和人均高效益，向国际化工程

管理公司迈进。

1.以设计管理为切入口，延伸服务范围

设计阶段是工程建设过程中的一个很重要阶段。对具有设计人才资源的京兴公司，设计管理是一个最合适的切入口，通过设计管理延伸服务范围。

为了适应设计管理需要，公司组建有各专业技术委员会（专家组），并从“中国中元”聘请了在行业有影响力的专家（专家顾问组），形成了专家组和专家顾问组两个层次的专家团队。专家团队为设计管理的顺利开展提供技术支持。

项目设计管理机构的重点工作：一是在设计方案阶段重点优化设计方案，使其更具有经济性和合理性，满足建设单位需求。二是在初步设计和施工图阶段，重点核查标准规范符合性和设计错、漏问题，以提高设计质量、降低工程造价。

通过项目设计管理机构的积极工作，使建设单位赢得了效益。多年来，公司通过设计管理，在多个项目中延伸了服务范围，承担了造价咨询和工程监理。

2.以市场为导向，积极开展项目管理服务

多年来，公司积极开拓和探索项目管理业务的运作模式，针对不同建设单位的需求，推出菜单式的项目管理服务模式。实施了“武当山太极湖管理模式”，武当山太极湖项目被中国建设监理协会选定为开展项目管理与监理一体化模式的试点工程。

公司承接并完成的项目管理典型工程有武当山太极湖工程、中国驻美国大使馆新馆、秦皇国际大酒店、中国机械设备工程股份有限公司综合楼、郑州新郑国际机场T2航站楼等。其中，中国驻美国大使馆新馆工程获“全国勘察设计行业第五届优秀工程项目管理金奖”和境外工程“鲁班奖”。

公司在武当山太极湖工程、中国机械设备工程股份有限公司综合楼、中国驻美国大使馆新馆等项目中实施了项目管理与监理一体化模式。这一模式有利于项目管理和监理工作的统一协调，提高了工作效率和企业的经济效益。

3.以技术为引领，提供专业化的工程监理服务

多年来，公司坚持以技术为引领，提供专业化工

程监理服务，选择效益好、有影响力的工程进行监理投标。公司承接并完成的工程监理典型工程有：

1）大型公共建筑类工程：完成了具有影响力的人民大会堂维修改造工程、外交部办公大楼、首都博物馆新馆等工程监理。

2）驻外使馆工程：在实施中国驻美国大使馆新馆的基础上，承接了中国驻法国使馆馆舍和中国驻德国使馆馆舍的工程监理。

3）机场物流设备工程：借助中国中元在机场物流设备设计中的技术优势，承接并完成了包括首都国际机场、上海浦东、虹桥机场、昆明新机场、广州白云机场、长沙黄花机场、南京禄口机场、西安咸阳机场等行李处理系统的监理。

4）医疗建筑工程：借助中国中元在医疗建筑设计中的技术优势，承接并完成了解放军第307医院、北京同仁医院、北京石景山医院等工程监理。

公司在承接的监理项目中，没有发生因监理责任造成的质量事故和安全事故，没有出现不良记录。有近100项工程分别获中国建设工程鲁班奖、全国勘察设计行业优秀工程项目管理奖、中国建筑钢结构金奖及其他国家和省（部）级优质工程奖。

公司通过多年的实践，在上述工程领域赢得了建设单位的信任、取得了良好的社会效益和经济效益，树立了京兴品牌。

二、健全管理体系，强化质量检测手段，提升管理水平

健全管理体系是企业做优做强的关键。公司从成立以来就非常重视质量管理和标准化管理体系的建设，于1996年通过ISO 9000质量管理体系认证。2006年取得质量、环境、职业健康安全“三体系”认证资格。制定了一系列管理制度，编制了全面、系统的程序文件和作业文件，实现了工程监理工作的规范化、程序化和标准化。

公司通过项目部自查、职能部门巡查、贯标检查、安全生产管理履职情况检查、年终考核检查以及年度内审、外审等，对工程监理过程实施监控，使所监理工程始终处于受控状态。同时，公司配备了工程施工过程质量检测仪器、设备，不断提升管理水平。

本人在总结多年的工程监理、管理实践，编著了《工程项目管理理论与实务》、《建设工程监理操作指南》、《建设工程监理知识问答》等书，对公司开展工程监理、管理具有一定的理论指导作用。

三、重视专业软件研发，提升信息化管理水平

公司十分重视工程监理、管理专业软件的研发，提升信息化管理水平。1994年自主开发了“监理通”软件，用户达500多家。2012年在此基础上，又自主研发了“项目管理大师”软件，搭建了公司管理及工程管理的网络办公信息平台，提升了信息化管理水平。“项目管理大师”软件平台，主要可实现以下功能：

1.加快信息交流的速度，减少传统管理模式下大量的重复抄录工作，实现网上协同工作，信息共享。

2.实现信息的及时采集、存储和分析。项目监理机构可及时采集工程管理活动信息，并对管理环节进行及时的分析和检查，以实现对工程的有效管理。

3.建立工程管理资源信息库，方便管理人员随时查阅工程上使用的材料、设备生产厂家、市场价格信息资源等。同时还提供了技术文件资料库和法律法规、标准资料库的查询功能。

4.对工程实施远程监控。项目监理机构可将采集的工程管理活动信息通过网络汇集到系统平台上，既方便了项目监理机构与各参建单位间的信息沟通，又满足了企业领导对所管工程的远程监控。尤其是在企业承接的工程遍布全国多个省市时，远程监控的优势就显得更加突出。

公司通过“项目管理大师”软件平台在多个项目上的应用，进一步提升了工程管理的水平，赢得了建设单位的好评。公司信息化建设在行业内起到了较好的示范作用，目前全国已有近60家监理企业在使用“项目管理大师”软件平台。

四、打造学习型团队，培养高素质人才队伍

高素质人才队伍建设是企业的第一要务。公司非常注重对人才的选拔与培养，每年要引进十多名包括大学本科生、研究生、博士生，并建立了多层次的人才培养平台，以良好的薪资和企业文化吸引人才。同时，公司还建立了多层次的员工培训计划，通过岗前培训、年度专业技术培训、青年骨干培训、项目总监培训、中层领导干部培训等，鼓励员工主动学习，打造学习型团队。同时采取不同的方式，给肯学习的骨干人员提供学习深造的机会，不定期选送骨干人员到高校去进修学习，给他们搭建成长平台，逐步培养一批复合型管理人才队伍，为公司的持续发展发挥作用。

五、坚持以人为本，打造京兴企业文化

文化是企业的软实力，也是维系企业和员工情感的桥梁。公司注重企业文化建设，坚持以人为本，积极构建和谐型、敬业型、学习型团队，打造京兴品牌。组织员工去国内外学习考察，通过组织活动，增进员工之间的感情，提高团队的融合度，增强京兴团队的凝聚力。关心员工身心健康，每年度组织员工健康体检。项目监理机构使用京兴统一标识的设施，配发工作服、安全帽和胸卡等，同时做好对外网站的宣传，以提升公司的整体形象。

六、结束语

京兴在提升管理水平，打造京兴品牌方面做了一些工作，但与做优做强的标准还有一定距离，还需要继续努力，持续改进，并希望各位专家多提指导意见。随着建筑业改革的进一步深化，工程监理企业应全面提高自己的综合实力和管理水平，切实履行职责，发挥监理作用。相信以实力为根基，以诚信为生命，以市场为导向，监理企业就一定能做优做强。

改革与创新的重庆联盛建设项目管理有限公司

重庆联盛建设项目管理有限公司　雷开贵

重庆联盛建设项目管理有限公司（原重庆长安建设监理公司）在改革中寻找生存机会，在企业改制中诞生，在不断地创新企业经营理念、创新企业运行机制、创新管理制度、创新分配制度中发展。公司成立至今，历经了短暂而又漫长的20年，从封闭在长安（集团）公司作模拟监理（实为甲方管理）到走向市场，转变成为独立核算的央企子公司，进而从国企改制成为员工持股的民营监理公司，通过整合并购了其他五家公司，组建成为一家综合型的工程监理（咨询）管理公司，完成了三次变革，形成了三次大的飞跃。公司已具有综合监理、甲级投资咨询、甲级招标代理、甲级造价咨询、甲级设计及施工等资质，可以从事集监理、招标、造价等一体化的咨询服务，还具备设计施工总承包管理的能力。今年8月受到住房与城乡建设部《关于全国工程质量管理优秀企业的通报》建质[2014]127号文通报表扬（全国仅5家监理企业荣获此殊荣）；2012年同时获得监理、造价、招标三个行业的全国先进企业称号，多次荣获“国家守合同重信用企业”，所承接的项目累计获得国家及省部级奖300余项，初步建立起品牌企业形象，享有良好的社会信誉。公司的监理业务年产值已连续8年跻身全国监理行业100强，其他业务板块累计年产值占公司总产值比例逐年增加。

探寻联盛公司20年的发展历史，应该感恩时代赋予的机遇，感恩国家政策强制推行监理制度，值得自豪的是我们对国家宏观经济发展趋势有准确预测、对国家政策有正确把握、对企业中长期发展进行了准确定位，充分发挥了企业文化的灵魂作用，最大程度地增强了员工的凝聚力，展现了公司的强大力量。

一、把握时代机遇，勇于改制走向市场

1996~1998年，长安（集团）公司经过几年的建设高峰之后开始跌入低谷，当初的重庆长安监理公司，冗员严重，包袱过重，军品生产线改造完成及十万辆汽车生产线建成以后，建设投资金额骤然减少，人浮于事的情况非常严重，又适值国家力推改革，长安（集团）公司采取主辅分离、下岗分流方式裁减冗员，每年给监理公司下达20%的下岗指标。那时的社会就业环境很差，下岗指标摊给谁，似乎灾难就降临给谁，吵闹、打闹、恐吓、威胁、报复，恶性事件随时可能发生。上一年的矛盾还没化解，第二年又有下岗任务，这种残酷的局面又将再次重复。大家都共同意识到，长安监理公司的改制势在必行，当时国家对中央直属企业虽有改制政策但没有具体实施办法，加上集团公司对推行改革的意见不完全统一，有人持反对意见，改制方案一次又一次地修改。改制的过程真是曲折而漫长的，一次又一次的阻碍，一道又一道的难关，长达五年的努力，终于克服重重困难，于2002年底完成全部改制手续，因不能使用“长安”两字（否则每年得支付天价般的无形资产使用费），不得不放弃“重庆长安监理公司”企业名称，2003年由全体员工出资重新成立“重庆联盛建设项目管理有限

公司”，率先成为由中央直属国有企业改制的民营企业！

二、制定企业中长期规划，把握发展方向

国有企业改革的本来目的是解决企业员工的就业与生存问题，可是突然成为了民营企业，脱离了大型国有军工企业母体，任何依靠都没有了，连托词都不能再说了。在企业经济性质上讲是“有限责任公司”，而对员工就业方面变成了“无限责任公司”。担子有多重，风险有多大，路有多么艰难！每每想到这些，心就被压得透不过气，如稍有不测，后果真是不堪设想，有时真后悔并埋怨为什么选择了这条不归路。“既然选择了远方，就得风雨兼程”，怎样到达彼岸？怎样遮风避雨？怎么搏击风雨？要靠勇气，更需要意志和智慧。我们谨记“人无远虑，必有近忧”，“凡事预则立，不预则废”的古训，我们对国家的宏观经济发展趋势，国家有关建设监理的相关政策与法则，市场经济条件和市场竞争环境，发达国家工程建设咨询行业的状况及制度演变过程等，均作了极其深入的研究。对我国监理行业发展以及工程咨询服务行业作预测，从而制定了企业发展近期目标和中长期发展规划，确立企业以“生存、发展、效益”为主题，把公司发展划分为三个阶段，并制定出每一阶段的主要任务和措施。第一阶段为“抓住机遇，面向重庆市场，以监理咨询服务求生存”；第二阶段为“拓展市场，提升管理，凭全过程项目管理咨询服务谋发展”；第三阶段为“大展宏图，创造辉煌，借综合实力获效益”。按十年为一个发展阶段，制订了三个十年的发展规划（因为改制时有一批30来岁的年轻员工）。

公司的三个十年发展战略规划，点亮了联盛全体员工心中的明灯，把握着企业发展的方向，矢志不移地向前推进，感到很欣慰的是，现在的事实已证明我们对第一个十年的预测是准确的，第二个十年的市场预测正在逐渐显现。今后的十来年，我们会更有信心完成第二阶段的目标。如今，面对新的经济形势和国家政策的调整，我们对未来又有了新的构思，为实现第三阶段的目标正在继续作准备。

三、提炼企业文化，发挥企业的灵魂作用

我们以企业“生存、发展、效益”为主题，根据咨询行业以人力资源为本的行业特色，并结合咨询工程师追求个人价值体现探索企业文化的核心内容，设计了公司标识Ⓛ。通过公司标识来表现企业文化的五大基本元素：元素一——蓝色，是智慧的象征，反映咨询行业的属性；是天空和海洋的颜色，寓意志存高远、海纳百川。元素二——圆，是最完美的图形，寓意追求完美、追求和谐。元

素三——L.D，利德相合，寓意追求利润，崇尚道德。元素四——方向盘，寓意把握企业发展方向。元素五——太极图，秉承太极“一极生两仪、两仪生四象、四象生八卦”的原理，寓意业务发展不断延伸，形成“产业拓展、范围扩展、区域扩张、健康发展”的局面。

公司企业文化成为公司经营的指导思想、工作原则、奋斗目标以及行为准则，真正地发挥了企业文化的灵魂作用。

四、“关心、关爱员工”，构建企业与员工共赢的新型关系

公司提出了“关心、关爱员工、创造的价值与全体员工分享”的理念，不断修订完善公司分配机制。随公司改制的员工全部都是企业股东，对项目贡献大的员工是“项目股东”，对业务板块或区域发展有卓越贡献的，就是业务板块或区域的“股东”，通过激励方式予以一次性奖励。公司追求利润，但在利润的分配上遵循贡献大小原则，在留足企业发展所需的资金、适度考虑股东利益的前提下，最大限度地提高员工的薪酬与福利待遇。联盛公司中“老板”的概念很模糊，按劳付酬、论功行赏的概念非常清晰。制定的激励办法不是单纯追求利润值，权重更大的是按企业标准考核监理服务质量、团队的作用发挥大小、业主的评价、是否能承接后续项目。如果搞承包制，承包人只会顾及个人眼前的利益，而不会顾及企业的信誉。这种方式比承包制的效果好很多。公司尊重员工的价值取向，要求高管人员具有“求生、立业、担责”的三重价值取向；引导骨干员工，应具备“求生、立业”的价值取向；尊重一些员工在行为规范的前提下，“打工、领薪”的单一价值取向。关心员工的成长，关心员工的职业稳定，疏导员工产生的心理障碍。如果家中遇上较大困难，发动大家付出爱心，伸出友谊之手，让被关心的员工真正感受到联盛家园的温暖，感受公司力量的强大。举行各种活动消除工作的疲劳，减轻工作和生活上的压力。

联盛员工因公司的企业文化逐步产生了认同感，因联盛的发展及效益而产生了很强的归属感，因联盛的社会信誉和企业品牌而自豪。因为有公平的分配制度，企业为员工搭建了较大的事业平台，有大家认同的企业文化和价值取向，对企业有深厚的感情，从而产生了非常强的凝聚力，营造非常和谐的氛围。

五、独具特色的培训方式，培养造就人才

市场的竞争就是人才的竞争，拥有了人才就拥有了发展的机遇与平台。监理行业在工程建设领域中吸引人才方面处于劣势地位，靠企业自己培养人才才是最可靠、有效的办法，我们充分认识到员工培训的重要性和必要性。公司制订了人才发展战略，通过“挖掘网络人才、培养造就人才、保护鼓励人才”三大措施集聚人才，通过收购企业网络了一批人才，以联盛公司的品牌吸收一些人才。所谓“近者悦，远者来”，通过独具特色的培训和用人机制培养造就人才。通过“待遇留人、事业留人、感情留人”和公平的分配机制，使公司的人才非常稳定。公司一直致力于打造学习型组织，通过内训、外训和指导员工有计划的自学等多种方式，为员工提供良好的学习机会。通过入司培训方式，引导员工根据公司的发展规划，结合自己的愿景，做好个人的职业规划。公司制订了“两阶段、三层次、三种方式”的长期培训计划，并辅以激励措施奖励员工边工作边学习。

1.两个阶段。第一阶段以满足公司晋升各类资质与上岗证为主要目的，提供和创造条件让员工参加各类执业资格考试或晋升学历以及各类上岗培训班；第二阶段，以适应公司规范管理，开展各岗位应知应会，增强实际工作能力为目的培训。

2.三个层次。其一，中高级员工的培训。以提高参与决策能力以及经营、财务、行政综合管理能力，发挥管理团队整体作用为目的的培训。其二，骨干员工的培训。以从技术型人才向技术与管理复合型人才转化为目的的培训。其三，青年员工的培训，以上岗培训为主，辅以引导职业生涯规划的制订为目的的培训，采取理解、关心、心理疏导等方法，帮助青年员工克服“急功近利”的浮躁情绪。

3.三种形式。其一，以 “开阔视野，更新观念，启迪思维”为目标的培训，公司不定期（每年3~5次）邀请知名教授专家开设讲座，所涉内容主要有新技术、新知识、新管理模式以及国际国内行业发展动态与趋势。其二，以轮训方式举办国际项目管理知识体系培训班，每年举办1~2次，参加培训的员工累计已达60%。让员工掌握最先进的项目管理方法和工具，搭建与外资、合资、港资企业工作交流的平台。其三，为以提高实际工作能力和处理问题的能力为目的的培训。

六、整合并购企业，加快发展速度

2003年改制并成立重庆联盛建设项目管理有

限公司以来，共计收购了5家公司，其中有2家监理公司、1家招标与造价公司、1家设计公司和1家建筑公司。在资质申报晋升方面走了捷径，搭建了更大的市场平台，扩展了企业的生存空间。每一个新公司的并入，都会给公司注入一次新的活力，带来一些新的观念、新的意识，激发新的创造力，当然也会带来矛盾、碰撞和冲击。这种个人之间和团队之间的矛盾可能会动摇公司的凝聚力，碰撞和冲击可能会打破原来的平衡。如管理职位和机构需要调整，利益要重新分配等等诸多的问题必须解决，稍有不慎，就会产生负面作用，影响公司的正常经营。

我们在收购、整合企业时，以双赢为目的，按互补性、公平性、讲信用为原则处理好了一个又一个的分歧和矛盾，真正起到了“1+1>2”的效果。

七、规范市场行为，工夫用在现场

国家有强制推行监理的制度，有相应法律法规作保障；工程建设项目多，投资金额巨大，市场需求远远大于市场供应。这些都应该是监理行业健康发展的大好时机。不曾想，监理行业没有很好地担负起国家赋予的使命，没有珍惜时代给予的机会，很多企业和从业人员随意污染市场环境，肆意践踏监理工程师的职业形象，监理市场形成了恶性循环，竞争无序，乱象丛生。监理是提供中介服务的企业，其产品毫无疑问地是服务。监理的工作内容是“控制质量、投资、工期、合同管理及协调关系”，概念太大、太笼统。目前，又有招标代理单位、造价咨询单位与项目管理单位参与，工作的深度与工作界面划分不明，责任划分不清，仅有的监

理规范又太肤浅笼统，没有颁发更明确的规程、工作标准和手册，没有明确的、具体的交付物。不像设计产品那样，有整套的图纸作为交付物，设计规范、设计标准完整成体系，有软件作技术支撑；也不像造价单位能提供工程量清单、预算、结算中有量化的金额与数量作为交付品，也有造价软件作支撑，施工的建筑产品的实体可以量测，施工规范与验评标准很完善。监理从事的管理工作难以量化和客观评估，只可能有定性的主观评估。正因为如此，很多监理企业和从业人员以此钻空子，不认真履行职责，工作马马虎虎、推三阻四，扭曲监理行业“高智能”的属性。监理行业的社会形象差得几乎到了让人瞧不起的地步，一度达到质疑监理制度和这一行业是否有必要存在的地步，很多监理工程师也曾后悔选择了这一职业。针对这种现象我们抱怨过，痛苦过，后悔过，也认真思考过，研究过，从中悟出了可以在“逆势而进”中寻找到更多的机会。我们不随波逐流，决不乘虚而入，在市场竞争中坚持独善其身并守住底线，在项目选择上宁缺毋滥，退出低价竞争，坚持以严谨认真的工作态度，在规范市场行为的同时，不断完善管理制度，落实岗位职责，深化公司技术文件内涵，力图做到工作规范化、制度化、程序化。以设计团队为技术支撑，以造价咨询团队为投资控制指导，以检测设备配备精良的检测试验室为辅助，按照国家规范及企业标准严格履行监理职责，要求现场监理人员不折不扣地按照国家规范和标准，按照企业标准从事监理工作。公司可以包容心态宽恕员工的工作失误或者失职，但绝对不能容忍丧失尊严地“吃、拿、卡、要”。按照科学、公正、行之有效的考核、考评办法去管理监理机构。公司管理层主要精力花在现场管理指导和沟通交流上，保持信息畅通，及时处理问题。公司真诚、守信、规范、优质的服务证明了实力，赢得了社会的好评。我们与很多大型房地产商、大型国有企业港资、外资企业建立了战略合作关系，合作过的建设单位、施工单位对公司的监理服务赞赏有加，在市场上口口相传，后续项目接踵而来，监理业务一直处于饱和状态，保持了增长的态势。

八、创新技术与管理工作方法，提高工作质量与工作效率

公司在技术创新与研究方面投入了大量的人力和资金，持之以恒地用从事科学研究的精神，用哲学与数学思维，系统论的方法，采用技术、经济、管理组织等措施对项目全方位、全过程、多维度、整体、系统地进行研究。项目从整体到局部一层一层地分解工作，从局部到整体归类、理顺专业间、技术、经济、管理等相互之间的内在联系、逻辑关系、时间顺序、制约条件；分清参建各方的责任，划分边界，约定工作完成时限等；制定严密细致的工作计划，实行数字化、可视化管理。运用这一方法，公司研发了一系列行之有效、具有相当水平，能简化工作、提高工作质量和工作效率的工作程序、工作手册、指导文件等，把耗时多、重复性的工作或不断重复都做不规范的事，简化、归纳成一次性完成，或提炼成方法，用尽可能少的时间很规范地完成。把本来必须由高层次人才才能完成的复杂工作，转换为由中、低层次的员工就可以做好、做到位，使公司的整体水平得到了很大的提升。

时代在变迁，国家行政管理体制正在改革，工程建设监理（咨询）制度正在改革，市场的格局正在变化。来自国家形势、制度和市场的变化，必将对监理（咨询）行业带来了强烈的冲击。联盛公司有思考、有准备、更有信心经受这次洗礼，相信“天道酬勤”，机会定将留给一直在准备的重庆联盛建设项目管理有限公司。

《中国建设监理与咨询》协办单位

北京市建设监理协会
会长：李伟

中国铁道工程建设协会
副秘书长兼监理委员会主任：肖上潘

京兴国际工程管理有限公司
执行董事兼总经理：李明安

北京兴电国际工程管理有限公司
董事长兼总经理：张铁明

北京五环国际工程管理有限公司
总经理：黄慧

北京海鑫工程监理公司
总经理：栾继强

中国水利水电建设工程咨询北京有限公司
总经理：孙晓博

鑫诚建设监理咨询有限公司
董事长：严弟勇 总经理：张国明

北京赛瑞斯国际工程咨询有限公司
董事长：路戈

北京希达建设监理有限责任公司
总经理：黄强

秦皇岛市广德监理有限公司
董事长：邵永民

山西省建设监理协会
会长：唐桂莲

山西省建设监理有限公司
董事长：田哲远

山西煤炭建设监理咨询公司
总经理：陈怀耀

山西和祥建通工程项目管理有限公司
执行董事：史鹏飞

太原理工大成工程有限公司
董事长：周晋华

山西省煤炭建设监理有限公司
总经理：苏锁成

山西震益工程建设监理有限公司
总经理：黄官狮

山西神剑建设监理有限公司
董事长：林群

山西共达建设项目管理有限公司
总经理：王京民

晋中市正元建设监理有限公司
执行董事兼总经理：李志涌

运城市金苑工程监理有限公司
董事长：卢尚武

山西协诚建设工程项目管理有限公司
董事长：高保庆

沈阳市工程监理咨询有限公司
董事长：王光友

上海建科工程咨询有限公司
总经理：何锡兴

上海振华工程咨询有限公司
Shanghai Zhenhua Engineering Consulting Co., Ltd.
上海振华工程咨询有限公司
总经理：沈煜琦

江苏省建设监理协会
秘书长：朱丰林

江苏誉达工程项目管理有限公司
董事长:李泉

连云港市建设监理有限公司
董事长兼总经理：谢永庆

江苏赛华建设监理有限公司
董事长：王成武

浙江省建设工程监理管理协会
副会长兼秘书长：章钟

浙江江南工程管理股份有限公司
董事长总经理：李建军

浙江五洲工程项目管理有限公司
董事长：蒋廷令

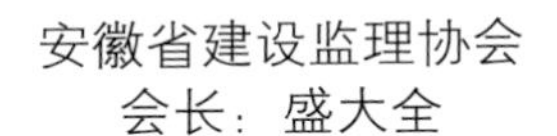
安徽省建设监理协会
会长：盛大全

合肥工大建设监理有限责任公司
总经理：王章虎

安徽省建设监理有限公司
董事长兼总经理：陈磊

《中国建设监理与咨询》协办单位

厦门海投建设监理咨询有限公司
法人：陈仲超

萍乡市同济工程咨询监理有限公司

郑州中兴工程监理有限公司
执行董事兼总经理：李振文

中汽智达（洛阳）建设监理有限公司
董事长：刘耀民

河南建达工程建设监理公司
总经理：蒋晓东

郑州基业工程监理有限公司
董事长：潘彬

武汉华胜工程建设科技有限公司
董事长：汪成庆

长沙华星建设监理有限公司
总经理：胡志荣

中国水利水电建设工程咨询中南有限公司
HYDROCHINA MID-SOUTH ENGINEERING & CONSULTING CO.,LTD.

中国水利水电建设工程咨询中南有限公司
法人代表：朱小飞

深圳市监理工程师协会
副会长兼秘书长：冯际平

广州宏达工程顾问有限公司
公司负责人：罗伟峰

广东国信工程监理有限公司
董事长：李文

10333.com
大太阳建筑网
行业首选的门户网站

深圳大尚网络技术有限公司
总经理：乐铁毅

科宇顾问

深圳科宇工程顾问有限公司
董事长：王苏夏

广东工程建设监理有限公司
总经理：毕德峰

广东华工工程建设监理有限公司
总经理：刘安石

重庆林鸥监理咨询有限公司
总经理：肖波

CISDI 重庆赛迪工程咨询有限公司
Chongqing CISDI Engineering Consulting Co., Ltd.

重庆赛迪工程咨询有限公司
总经理：冉鹏

重庆联盛建设项目管理有限公司
董事长兼总经理：雷开贵

重庆华兴工程咨询有限公司
董事长：胡明健

二滩国际
Ertan International

四川二滩国际工程咨询有限责任公司
董事长：赵雄飞

贵州建工监理咨询有限公司
总经理：张勤

中国电建集团贵阳勘测设计研究院有限公司
总经理：潘继录

云南省建设监理协会
秘书长：徐世珍

云南新迪建设咨询监理有限公司
董事长兼总经理：杨丽

陕西永明项目管理有限公司
总经理：张平

西安高新建设监理有限责任公司
董事长兼总经理：范中东

西安铁一院
工程咨询监理有限责任公司
XI' AN ENGINEERING CONSULTANCY&SUPERVISION CO.,LTD.FSDI

西安铁一院工程咨询监理有限责任公司
总经理：杨南辉

西安普迈项目管理有限公司
董事长：王斌

西安四方建设监理有限责任公司
董事长：史勇忠

新疆昆仑工程监理有限责任公司
总经理：曹志勇

新疆天麒工程项目管理咨询有限责任公司
董事长：吕天军

重庆正信建设监理有限公司
董事长：程辉汉

河南省建设监理协会
常务副会长：赵艳华

北京中企建发监理咨询有限公司
总经理：王列平

云南国开建设监理咨询有限公司
执行董事兼总经理：张葆华

华春建设工程项目管理有限责任公司
董事长：王勇

中国电建
POWERCHINA

咨询北京有限公司
BEIJING CONSULTING CORPORATION LIMITED

追求卓越30
1985-2015

中国水利水电建设工程咨询北京有限公司

中国水利水电建设工程咨询北京有限公司成立于 1985 年 7 月，是中国电建集团北京勘测设计研究院有限公司全资子公司，是国内首批取得建设部、水利部、电力工业部、北京市审定的甲级监理资质的单位之一。

公司现具有住房和城乡建设部核准的水利水电工程甲级、房屋建设工程甲级、电力工程甲级、市政公用工程甲级监理专业资质，水利部核准的水利工程施工监理甲级、机电及金属结构设备制造监理甲级、水土保持工程施工监理甲级、水利工程建设环境保护监理资质，国家人民防空办公室核准的人防工程甲级监理资质，北京市住建委核准的公路工程乙级监理资质，通过了质量、环境、职业健康安全管理体系认证。

公司经中国水利工程协会、北京市水务局、北京市监理协会、中国质量评价协会、北京企协信用评价中心等核准为 AAA 级信用企业，荣获中国建设监理创新发展 20 年工程监理先进企业、共创鲁班奖工程监理企业、全国优秀水利企业，共青团中央授予全国青年文明号，北京市建设监理协会评选的 2000~2013 年度北京市监理行业优秀（先进）单位等荣誉称号。

公司成立 30 年来持续稳定健康发展，监理项目业绩遍布国内 30 个省区及 10 多个海外国家和地区，承担工程监理 200 余项，所监理工程项目荣获鲁班奖等国家级优质工程奖 13 项，获得省市级优质工程奖 22 项。参与工程技术咨询项目 100 余项，承担和参与咨询审查的大中型水利水电工程 50 余项，获中国优秀工程咨询成果奖 1 项。

公司以服务国家建设、促进人与自然和谐发展为使命，努力建设“学习型、科技型、创新型”国际一流工程公司；以务实、创新、担当为企业精神，诚信卓越、合作共赢，服务顾客、奉献社会、发展企业、成就个人。

地　址：北京市朝阳区定福庄西街 1 号
邮　编：100024
电　话：010-51972122
传　真：010-65767034
邮　箱：bcc1985@sina.com
网　址：www.bhidi.com
QQ 号：2467414577

北京－八达岭高速公路潭峪沟隧道（鲁班奖工程）

水规总院勘测设计科研楼（鲁班奖工程）

青海公伯峡水电站（鲁班奖、国家优质工程金奖）

山东泰安抽水蓄能电站（鲁班奖工程）上水库

南水北调中线一期总干渠 黄河北 姜河北段（水利部重点工程）

江苏宜兴抽水蓄能电站（鲁班奖工程）地下厂房

安徽响水涧抽水蓄能电站（国家优质工程奖）

北京通州水厂应急调蓄泵站工程

内蒙古赛汗光伏发电工程

河北张北风力发电工程（实行总承包工程）

中国铁道工程建设协会

中国铁道工程建设协会是从事铁路工程建设的设计、施工、监理、咨询、建设单位和相关科研教学、设备制造等企事业单位以及有关专业人士，自愿参加组成的全国性行业组织。协会是经铁道部批准成立、民政部登记注册、现由中国铁路总公司主管的具有法人地位的非营利性社会团体，是中国铁路工程建筑业行业协会。协会前身是铁道工程企业管理协会，1985年9月24日在北京成立，1991年经铁道部和民政部批准，更名为“中国铁道工程建设协会”。理事会的常设办事机构为秘书处，在秘书长的领导下，处理协会的日常工作。目前，铁道工程建设协会拥有从事铁路勘察设计、建筑施工、工程监理、技术咨询、建设管理、装备制造的单位以及相关科研院校等团体会员150家。中国中铁、中国铁建、中国建筑、中国交通建设、中联重科等是一些国内外知名的特大型企业，以及北京交通大学、兰州交通大学、同济大学、中南大学、西南交通大学等著名大专院校也都在协会工作中发挥着重要作用。

建设监理专业委员会是中国铁道工程建设协会的分支机构，成立于2003年，现有会员102家。协会自成立以来始终坚持党的路线方针政策，通过行业管理、信息交流、业务培训、咨询服务、评先评优、标准制定、国际合作等形式，为铁路建设服务，为铁路监理行业发展和会员单位服务，为政府主管部门服务。按照社会主义市场经济的要求，联合监理行业各方面力量，围绕铁路监理行业发展的热点、难点、焦点问题，开展调查研究，反映会员诉求；围绕高速铁路建设的需要，积极开展铁路监理人员的培训，10多年来共培训铁路总监理工程师、铁路监理工程师、监理员33000多人，为铁路工程建设打下了良好的基础；围绕铁路标准化建设，组织编写《铁路建设监理工作标准化指导书》12册，推广新技术、新工艺、新流程、新装备、新材料的应用，推动企业技术进步，促进行业科技水平提高；围绕中外合作监理，学习借鉴国际上高速铁路成熟的技术和管理经验，召开中外合作咨询监理技术交流座谈会，开展境外交流，组织监理公司负责人到欧洲等国家考察高速铁路的建设管理经验，帮助企业培训经营者和专业管理人才，加强企业人才队伍建设；组织开展行业诚信建设，指导企业和监理人员合法经营、依法监理；引导企业加强质量安全管理，提高质量安全意识和工程质量；开展评先评优，促进企业创新发展。利用刊物、网站提供信息服务；开展咨询服务，指导企业改善管理，提高效益。

10多年来，中国铁道工程建设协会建设监理专业委员会所属会员单位，在国家的重点项目建设中都留下了他们的足迹，尤其是在铁路建设中发挥了重要的作用，参与了举世瞩目的京沪高铁、京广高铁、京津城际高速铁路、哈大高铁、青藏铁路等铁路重点项目建设，取得了令人欣慰的成绩，为中国高铁走出国门发挥了重要的作用。目前，所属会员企业正以高昂的斗志，奋力拼搏，为全面完成“十二五”铁路规划努力奋斗。

中国铁道工程建设协会建设监理专业委员会三届三次全体会员大会

培训工作：监理委员会与培训单位研究培训教育工作

学习考察：协会会员单位到三峡大坝学习三峡工程建设经验

监理委员会领导到现场调研高速铁路建设和标准化管理情况

国际交流：协会会员单位与德国PEC+S咨询公司交流高铁建设技术

瓮福达州 30 万 t / 年湿法磷酸工程（获评全国化学工业优质工程奖、化工行业优秀工程监理项目奖）

玉溪矿业有限公司大红山铜矿 3 万 t / 年精矿西部矿段采矿工程施工中的箕斗井

西气东输二线钱塘江盾构工程（获评化工行业优秀工程监理项目）

开阳磷矿 400 万 t / 年技改工程用沙坝矿沙沟废石胶带斜井工程（获评 2013 年度中国有色金属工业优质工程）

中国蓝星沈阳化工基地工程（获评化工行业优秀工程监理项目）

中国蓝星海南航天化工有限公司文昌 $1.5m^3/h$ 液氢、1 : $3.5m^3/h$ 液氮、2 : $5m^3/h$ 液氧工程

蓝星化工（南通）新材料产业基地项目群（包括 9 万 t / 年双酚 A 装置，6 万 t / 年 PBT 树脂装置、PBT 改性工艺装置，3 万 t / 年改性工程塑料和 1550t / 年彩色显影剂装置及其公用工程设施）

长沙德思勤城市广场项目（占地 555 亩、总建筑面积 156 万 m^2）

中亚合资 3 万 t / 年氯丁橡胶工程

长沙华星建设监理有限公司

CHANGSHA HUAXING CONSTRUCTION SUPERVISION CO., LTD

长沙华星建设监理有限公司成立于 1995 年，是建设部批准的最早一批国有甲级监理企业，前身为 1990 年成立的化工部长沙设计研究院建设监理站，隶属中国化工集团。系中国建设监理协会理事单位、湖南省建设监理协会会长单位和中国建设监理协会化工分会副会长单位。

公司拥有房屋建筑工程、矿山工程、化工石油工程和市政公用工程等 4 项甲级监理资质和机电安装工程乙级监理资质，并获得政府代建和无损检测资质。可承担房屋建筑、化工、石油、矿山、市政、机电安装等工程的监理、项目管理、技术咨询以及无损检测、政府代建等业务。

1998 年以来，公司连续被国家住建部、中国建设监理协会、湖南省住建厅、湖南省建设监理协会授予"先进工程监理企业"、"中国建设监理创新发展 20 年工程监理先进企业"、"湖南省建筑业改革与发展先进单位"等荣誉称号。2009 年以来连续被湖南省监理协会评为 AAA 级诚信监理企业。

公司成立以来，始终坚持科学化、规范化、标准化管理，逐步建立了科学系统的管理体系，于 1999 年取得 GB/T19001 质量管理体系认证证书，2009 年取得符合 GB/T19001、GB/T24001、GB/T28001 等 QHSE 管理体系标准要求的质量、环境和职业健康安全管理体系认证证书。

公司设置了化工、土建、公用工程、矿山等专业室和无损检测中心及信息资料室，专业配套齐全，拥有一支既懂技术又懂管理的包括工程技术、造价咨询、法律事务、企业管理等专业的高级技术人才队伍。各类检测仪器设施及管理软件配套完善。

公司秉持"一个工程，一座丰碑"的企业发展宗旨，坚持以专业室与项目监理部相结合的矩阵式管理统筹工程监理项目的具体实施，同时运用远程视频系统和项目管理大师信息平台全面实施标准化项目管理。公司坚持诚信监理、优质服务，业务快速发展，客户遍及全国，并与中石油、中石化、中水电、中化化肥、青海盐湖、开阳磷矿、湖北兴发、云南磷化、加拿大 MAG 公司等企业集团建立了长期战略合作关系，并已进入老挝、越南、刚果等国家开展监理业务。一批项目获得国家建设工程鲁班奖、国家优质工程银质奖、全国化学工业优质工程奖、湖南省建设工程芙蓉奖、优秀工程监理项目奖等国家和省部级奖项，受到顾客、行业和社会的广泛关注和认可，取得了良好的经济效益和社会效益。

地　址：湖南省长沙市雨花区洞井铺化工部长沙设计院内
邮　编：410116
电　话：0731-85637457　0731-89956658
传　真：0731-85637457
网　址：http://www.hncshxjl.com
E-mail：hncshxjl@163.com

武汉华胜工程建设科技有限公司

武汉华胜工程建设科技有限公司始创于2000年8月，位于华中科技大学科技园内、美丽的汤逊湖畔，是一家由华中科技大学产业集团有限公司、武汉华中科大建筑设计研究院两个股东发起成立，具有独立法人资格的国有全资的综合型建设工程咨询企业。

公司运作规范，法人治理结构健全，建立了股东会、董事会，在董事会的带领下，公司经营运作良好，社会信誉度高。现已成为了中国建设监理协会理事单位、湖北省建设监理协会副会长单位及武汉建设监理协会会长单位。

公司人才济济，技术力量雄厚，专业门类配套，检测设备齐全，工程监理工作经验丰富，管理制度规范。公司现有员工300余人，其中：高级专业技术职称人员68人，国家注册监理工程师66人，注册造价师14人，注册一级建造师19人，注册咨询工程师5人，注册安全工程师6人，注册结构师1人，注册设备监理师2人，人防监理师18人，香港测量师1人，英国皇家特许建造师2人。

经过15年的跨越式发展，公司已经逐步确立了“一体两翼”的战略发展模式，即以工程监理为主体，以“项目管理＋工程代建、工程招标代理＋工程咨询”为两翼助力发展，且已取得瞩目成就。目前，公司已具备国家住建部颁发的工程监理综合级资质、招标代理甲级资质和国家发改委颁发的工程咨询乙级资质，同时具备项目管理、项目代建、政府采购、人防监理等资格。公司下设黄石、襄阳、江西、宁波、海南、武穴6家分公司，是目前湖北省住建厅管理的建设工程咨询领域企业中资质最全、门类最广的多元化、规范化和科技化的大型国有企业。

15年的辛勤耕耘，华胜人硕果累累，在行业内享有崇高声誉，公司连续5次被评为“全国先进工程监理企业”，5项工程获得国家优质工程奖，10项工程获得鲁班奖。与此同时，公司8次被评为“湖北省先进监理企业”，9次荣获“武汉市先进监理企业”称号；还被武汉市建设委员会、武汉市市政工程质量（安全）监督站等部门授予“安全质量标准化工作先进单位”、“市政工程安全施工管理单位”、“武汉十佳监理企业”和“AAA信誉企业”的光荣称号。

从公司创业初期的“尽精微至广大”到如今的“尊重员工、忠诚业主、信守承诺、谋求共赢”，华胜人以优秀的企业文化激励员工，为企业发展插上了翱翔的翅膀。在未来的征途中，华胜人将继续秉持“团结奉献，实干创新”的理念，全方位拓展市场，建立数字化管理平台，构建综合产业链，进一步推进企业转型与升级，创造属于每一位华胜人的美好未来。

中国最大的移动互联产业基地——联想移动互联（武汉）产业基地

全国第一个免费开放的博物馆——湖北省博物馆（鲁班奖）

华中地区的国际文化中心，中国最优秀的大剧院之一——江西艺术中心

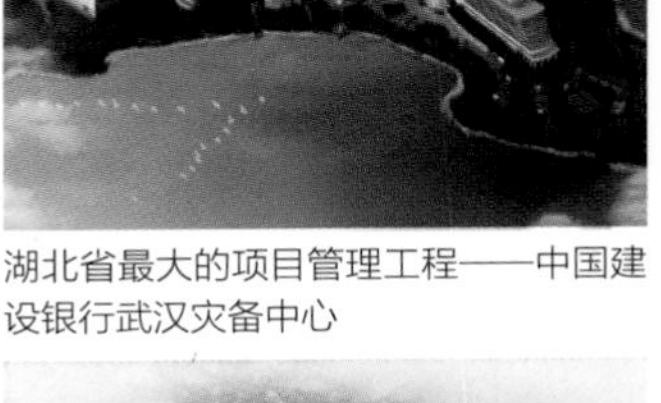

湖北省最大的项目管理工程——中国建设银行武汉灾备中心

中国科学院对地观测与数字地球科学中心三亚站

首个采用逆作法施工的工程——武汉协和医院门诊医技楼（鲁班奖）

湖北省黄石市建市60年最大的立交桥——黄石谈山隧道立交桥

湖北省第一家六星级酒店——武汉积玉桥万达广场威斯汀酒店（国家优质工程奖）

中国第一批五个国家实验室之一，“武汉·中国光谷”的创新源泉－国家光电实验室

华中科技大学先进机械制造工程大楼（鲁班奖）

西安四方建设监理有限责任公司

西安四方建设监理有限责任成立于 1996 年，是中国新时代国际工程公司（原机械工业部第七设计研究院）的控股公司，隶属于中国节能环保集团公司。公司是全国较早开展工程监理技术服务的企业，是业内较早通过质量管理体系、环境管理体系、职业健康安全管理体系认证的企业，拥有强大的技术团队支持、先进管理与服务理念。

公司具有房屋建筑工程甲级监理资质、市政公用工程甲级监理资质、电力工程乙级监理资质、人防工程监理资质、工程造价甲级资质、工程咨询甲级资质，可为建设方提供房屋建筑工程、市政工程、环保工程、电力工程监理，技术服务、技术咨询、工程造价咨询，工程项目管理与咨询服务。

公司目前拥有各类工程技术管理人员 300 多名，其中具有国家各类注册工程师近 100 人，具有中高级专业技术职称的人员占 70% 以上，专业配置齐全，能够满足工程项目全方位管理的需要，具有大型工程项目监理、项目管理、工程咨询等技术服务能力。

公司始终遵循“以人为本、诚信服务、客户满意”的服务宗旨，以“守法、诚信、公正、科学”为监理工作原则，真诚地为业主提供优质服务、为业主创造价值。先后监理及管理工程 500 余项，涉及住宅、学校、医院、工厂、体育中心、高速公路房建、市政集中供热中心、热网、路桥工程、园林绿化、节能环保项目等多个领域。在近 20 年的工程管理实践中，公司在工程质量、进度、投资控制和安全管理方面积累了丰富的经验，所监理和管理项目连续多年荣获“国家优质工程奖”、“中国钢结构金奖”、“陕西省市政金奖示范工程”、“陕西省建筑结构示范工程”、“长安杯”、“雁塔杯”等 50 余项奖励，在业内拥有良好口碑。公司技术力量雄厚，管理规范严格，服务优质热情，赢得了客户、行业、社会的认可和尊重，数十年连续获得“中国机械工业先进工程监理企业”、“陕西省先进工程监理企业”、“西安市先进工程监理企业”荣誉称号。

公司将依托中国节能环保集团公司、中国新时代国际工程公司的整体优势，为客户创造价值，做客户信赖的伙伴，以一流的技术、一流的管理和良好的信誉，竭诚为国内外客户提供专业、先进、满意的工程技术服务。

地　址：陕西省西安市经济技术开发区凤城十二路 108 号
邮　编：710018
电　话：029-62393835，029-62393830
E-mail：sfjl@cnme.com.cn

西安湿地公园运营管理中心、观鸟塔和0号坝泵房改造工程

西安出口加工区一期建设工程

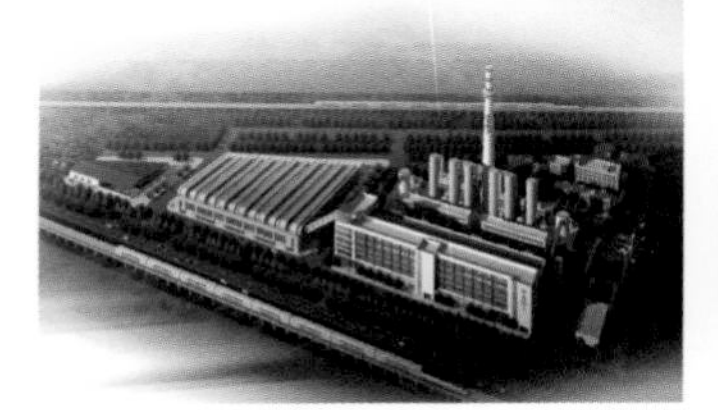
西安市六村堡供热站（一期）建设项目

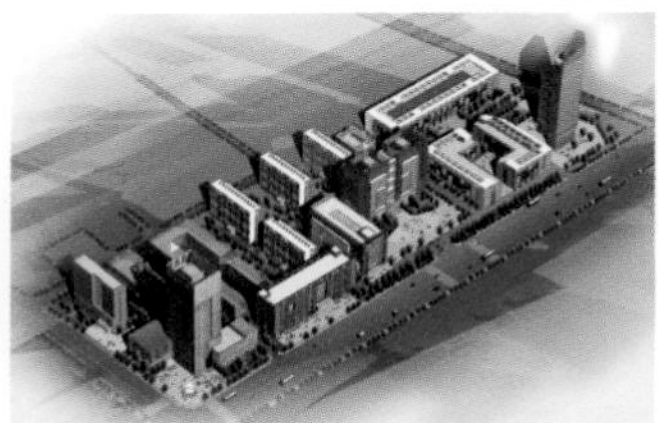
西安服务外包产业园创新孵化器中心工程 ABCD 座工程

西安重工装备制造集团有限公司煤矿与建设机械装备制造基地

西安超高压特高压敞开式开关及配套设备产业化项目

西安秦王二路至秦汉大道渭河特大桥工程

西安武警工程学院训练馆

南宁国际会展中心

东莞玉兰大剧院

佛山西站综合交通枢纽工程

上海世茂广州汇金中心

广东奥林匹克体育中心

广东工程建设监理有限公司

广东工程建设监理有限公司，于1991年10月经广东省人民政府批准成立。公司白手起家，经过二十多年发展，已成为有属于自己产权的写字楼、净资产达数千万元的大型专业化工程管理服务商。

公司具有工程监理综合资质、招标代理和政府采购代理机构甲级资格、甲级工程咨询、甲级项目管理、造价咨询甲级资质（分立）以及设备监理和人防监理资质，已在工程监理、工程招标代理、政府采购、工程咨询、工程造价和项目管理、项目代建等方面为客户提供了大量的优质的专业化服务，并可根据客户的需求，提供从项目前期论证到项目实施管理、工程顾问管理和后期评估等紧密相连的全方位、全过程的综合性工程管理服务。

公司技术力量雄厚，专业人才配套齐全，并拥有中国工程监理大师及各类注册执业资格人员等高端人才。

公司管理先进、规范、科学，已通过质量管理体系和环境管理体系、职业健康安全管理体系三位一体的体系认证，采用OA办公自动化系统进行办公和使用工程项目管理软件进行业务管理，拥有先进的检测设备、工器具，能优质高效地完成各项委托服务。

公司把“坚持优质服务、实行全天候监理、保持廉洁自律、牢记社会责任、当好工程质量卫士”作为工作的要求和行动准则，所服务的项目，均取得了显著成效，一大批工程被评为鲁班奖、詹天佑土木工程大奖、国家优质工程奖、全国市政金杯示范工程奖、全国建筑工程装饰奖和省、市建设工程优质奖等，深受建设单位和社会各界的好评。

公司有较高的知名度和社会信誉，先后多次被评为全国先进建设监理单位和全国建设系统“精神文明建设先进单位”，荣获“中国建设监理创新发展20年工程监理先进企业”和“全国建设监理行业抗震救灾先进企业”称号。被授予“全国守合同重信用企业”和“广东省守合同重信用企业”；多次被评为“全省重点项目工作先进单位”；连续多年被评为“广东省服务业100强”和“广东省诚信示范企业”。

公司始终遵循“守法、诚信、公正、科学”的执业准则，坚持“以真诚赢得信赖，以品牌开拓市场，以科学引领发展，以管理创造效益，以优质铸就成功”的经营理念，恪守“质量第一、服务第一、信誉第一”和信守合同的原则，一如既往，竭诚为客户提供高标准的超值的服务。

总经理苏锁成、党委书记曹进忠

管理团队

山西潞安集团高河矿井获鲁班奖

山西煤炭大厦获鲁班奖

同煤浙能集团麻家梁年产 1200 万 t 煤矿

山西煤炭运销集团泰山隆安煤业有限公司获国家优质工程奖

国投昔阳白羊岭煤矿获“太阳杯”奖

山西省煤炭建设监理有限公司

山西省煤炭建设监理有限公司是山西省煤炭工业厅直属国有企业，成立于 1996 年 4 月。具有建设部颁发的矿山工程甲级、房屋建筑工程甲级、机电安装工程乙级、市政公用工程乙级监理资质；具有煤炭行业颁发的矿山建设、房屋建筑、市政及公路、地质勘探、焦化冶金、铁路工程、设备制造及安装工程甲级监理资质。同时，还获得了省煤炭工业厅生产能力核定资质，省环保厅批准的环境工程监理资质。公司为中国建设监理协会会员单位，山西省建设监理协会副会长单位，中国煤炭建设协会理事单位，中国设备监理协会、山西省煤炭工业协会的会员单位。

公司现有职工 1641 人。其中国家注册监理工程师 50 人，国家注册造价师 3 人，一级建造师 1 人，国家安全师 5 人，国家注册设备监理师 16 人。行业监理工程师 913 人，省级监理工程师 120 人，监理员 79 人，见证员 674 人。公司现有办公场所 2200m^2，配备有现代化办公设施及监理装备。公司机关设有六部十一室：综合事务部、市场开发部、项目管理部、计划财务部、多种经营工作部、党群工作部；十一室：办公室、人力资源和社会保险室、设备和资料采购供应室、后勤服务管理室、投标管理室、监理合同管理室、业务承揽管理室、安全质量管理室、职工教育管理室、信息化办公管理室、对外财务经营室。公司在 2004 年获得了方圆标志认证中心颁发的质量管理体系认证证书，于 2014 年完成环境管理体系、职业健康安全管理体系的引入、实施、运行并通过认证，从而实现质量、环境、职业健康安全三个管理体系一体化。

公司目前在建监理项目 400 多个。其中，年产千万吨级以上的矿井有西山晋兴斜沟年产 3000 万 t / 年煤矿、同煤浙能集团麻家梁年产 1200 万 t / 年煤矿、同煤集团同发东周窑年产 1000 万 t / 年煤矿、霍州煤电庞庞塔年产 1000 万 t / 年煤矿；荣获中国建设“鲁班奖”的工程有山西潞安高河矿井工程及选煤厂工程、府西公寓工程；荣获煤炭行业工程质量“太阳杯”奖的有山西乡宁焦煤集团申南凹矿井副立井井筒工程、山西潞安余吾煤业屯南煤矿南进和回风立井井筒工程、山西晋煤集团赵庄矿副斜井井筒工程、山西阳泉保安煤矿主立井井筒及相关硐室工程、山西阳泉市上社煤炭公司办公楼工程；太原煤气化龙泉矿井项目监理部荣获全国煤炭行业“双十佳”项目监理部。公司监理项目遍布河南、内蒙古、新疆、海南、陕西等省份，在北京、贵州设立了分公司，并于 2013 年成功尝试走出国门，进驻了刚果（金）市场。此外，为实现企业的可持续发展，公司制定了“以监理为主业，多元化发展、多渠道创收”的经营思路，目前已启动七个新项目，分别是山西兴煤投资有限公司、山西美信工程监理有限公司、山西锁源电子科技有限公司、山西众源宏科技有限公司、山西春成煤矿勘察设计有限公司、山西保利绿洲装饰设计有限公司、贵州晋黔煤炭科技经贸有限公司。

2002 年以来，公司每年均被中国煤炭建设协会评为“煤炭行业工程建设先进监理企业”，被山西省建设监理协会评为“先进建设监理企业”，被山西省煤炭工业基本建设局评为“煤炭基本建设先进集体”。2009 年至今，公司党委每年都被山西省煤炭工业厅党组评选为“先进党组织”，山西省直机关精神文明建设委员会授予“文明和谐单位标兵”，山西省直工委授予“党风廉政建设先进集体”荣誉称号。从 2007 年以来，公司综合实力排名一直位于全国煤炭建设监理企业前列，连续 6 年在全国煤炭系统监理企业排名第一；从 2011 年起，在全省建设监理企业中排名第一，并迈入全国监理企业 100 强，2012 年位列 11 名。

公司认真贯彻落实科学发展观，确立“以监理为主、多元化发展”的发展战略；恪守“诚信、创新永恒，精品、人品同在”的经营理念；以人为本、以法治企、以德兴企、以文强企，坚持以“忠厚吃苦、敬业奉献、开拓创新、卓越之上”的“山西煤炭精神”为标杆，要求每一位员工从我做起，把公司的信誉放在首位，充分发挥优质监理特色服务的优势，力求做到干一个项目，树一面旗帜，建一方信誉，交一方朋友，拓一方市场。

山西震益工程建设监理有限公司

山西震益工程建设监理有限公司，原为太钢工程监理有限公司，于2006年7月改制为国有股份全部退出的有限责任公司。是具有冶炼、电力、矿山、房屋建筑、市政公用等工程监理、工程试验检测、设备监理甲级执业资质的综合性工程咨询服务企业。主要业务涉及冶金、矿山、电力、机械、房屋建筑、市政、环保等领域的工程建设监理、设备监理、工程咨询、造价咨询、检测试验等。

公司拥有一支人员素质高、技术力量雄厚、专业配套能力强的高水平监理队伍，现有职工500余人。其中各类国家级注册工程师163人，省（部）级监理工程师334人，高级职称58人、中级职称386人。各类专业技术人员配套齐全、技术水平高、管理能力强，具有长期从事大中型建设工程项目管理经历和经验，具有良好的职业道德和敬业精神。

公司先后承担了工业及民用建设大中型工程项目500余个，足迹遍及国内二十多个省市乃至国外，在全国各地四千余个制造厂家进行了驻厂设备监理。有近100项工程分别获得“新中国成立六十周年百项经典暨精品工程奖”、“中国建设工程鲁班奖”、“国家优质工程——金质奖”、“冶金工业优质工程”、“山西省优良工程”、山西省“汾水杯”质量奖、山西省及太原市“安全文明施工样板”工地等。

依托公司良好的业绩和信誉，公司近年来连续获得国家、冶金行业及山西省“优秀/先进监理企业”称号、太原市“守法诚信”单位等。《中国质量报》曾多次报导介绍企业的先进事迹。

公司注重企业文化建设，以“追求卓越、奉献精品”为企业使命，秉承“精心、精细、精益”特色理念，围绕“建设最具公信力的监理企业”企业目标，创建学习型企业，打造山西震益品牌，为社会各界提供优质产品和服务。

太钢技术改造工程建设全景

太钢冷连轧工程

新建炼钢工程一角

焦炉煤气脱硫脱氰工程

2250mm 热轧工程

太钢新炼钢工程全景